一生三养

养心态、养情怀、养格局

张晗正◎编著

应急管理出版社

·北京·

图书在版编目（CIP）数据

一生三养：养心态、养情怀、养格局 / 张晗正编著.
北京 ：应急管理出版社，2025. -- ISBN 978-7-5237
-1114-9

Ⅰ．B821-49

中国国家版本馆 CIP 数据核字第 20257C4D90 号

一生三养　养心态、养情怀、养格局

编　　著	张晗正
责任编辑	高红勤
封面设计	彭明军

出版发行　应急管理出版社（北京市朝阳区芍药居 35 号　100029）
电　　话　010 - 84657898（总编室）　010 - 84657880（读者服务部）
网　　址　www.cciph.com.cn
印　　刷　三河市双升印务有限公司
经　　销　全国新华书店

开　　本　710mm×1000mm$^1/_{16}$　**印张**　10　**字数**　106 千字
版　　次　2025 年 5 月第 1 版　2025 年 5 月第 1 次印刷
社内编号　20241382　　　　　　**定价**　49.80 元

一生三养，绽放生命华彩

提到健康，很多人可能会将它与烦琐的食疗、复杂的运动计划，以及各种保健品联系在一起。然而，在这个快节奏的时代，我们经常会因繁重的工作和琐碎的生活小事而感到疲惫不堪，使焦虑和浮躁如同杂草般蔓延。我们不仅要关注身体健康，更要养护我们的心灵，即养心态、养情怀和养格局。

养心态，就是在喧嚣尘世中寻找一方净土，让心灵得以栖息。它教会我们以水为镜，映照内心，学会在跌宕起伏中保持一颗波澜不惊的心，既不因挫败而沉沦，也不因胜利而迷失方向。正如古语所云："心如止水，方能映照万物。"如此，我们便能在世事纷扰中，找到内心的平和与宁静，让生命的源泉更加清澈明亮。

养情怀，则是在平凡中发现不凡，在日常生活中寻找诗意。它鼓励我们在繁忙之余放慢脚步，聆听内心的声音，在一杯清茶、一卷好书中，感受生活的细腻与美好。情怀是对生活的热爱与执着，它让我们的灵魂得以升华，使我们在物欲的洪流中，依然能够坚守内心的纯净与富足，让生命之树在心灵的沃土上茁壮成长，绽放出绚烂的花朵。

　　至于养格局，则是站在云端之上，以广阔的视野审视世间万物。它要求我们跳出个人的小天地，以更加包容的心态，去接纳生活中的一切。格局是心灵的宽度与深度，它决定了我们看待世间万物的角度与高度。当我们拥有了宽广的胸怀与深邃的思想，便能以更加从容的姿态，面对生活中的每一次挑战与机遇。

　　本书以温润如玉的文字，细腻入微的笔触，带领我们踏上一段探索内心世界的旅程。在这里，我们将学会如何在忙碌与压力中找到属于自己的节奏与平衡；如何在生活的点滴中汲取智慧与力量，让心灵得到真正的滋养与成长。

　　愿每一位翻开本书的朋友，都能从中汲取生命的甘露，让心灵之花在岁月的长河中绽放得更加绚烂。

目 录
CONTENTS

Part 1

养心态
心平能愈三千疾

第一章　乐观点儿，困难都是小 Case

第二章　告别内耗，治愈"玻璃心"

只要心中有光，
定能驱散黑暗！

Part 2

养情怀
心怀热情，奔赴山海

Part 3

养格局
打开格局，广阔天地任你行

Part ① 1

养心态
心平能愈三千疾

我们常常会说：被某人气得头疼，为某事急得心慌。其实，好心态可以治愈情绪带来的小毛病。良好的心态是一剂良药，能抚平内心的焦躁，使我们以轻松的状态面对困难。只有学会放松，学会看淡，让生活变得简单，才能拥有幸福的生活。

乐观点儿，困难都是小 Case

我们经常能在网上看到"被生活揉扁搓圆""太难了，该怎么办？"的无奈喟叹。其实，只要自己心态好，生活不仅不会对我们"下毒手"，还会让我们的每一天都充满精彩。

天塌了？别慌，没那么糟糕

每当我们觉得自己即将崩溃，生活陷入低谷的时候，却总能发现一条蜿蜒曲折的小路。沿着这条路走出困境后，我们会发现自己眼前豁然开朗。或许，一切并没有想象中的那么糟糕，甚至比自己预想的更好。

达观，是抵御困难的盔甲

人们常常将"天塌了"挂在嘴边。在各大社交平台上，我们经常可以看到这样的问题："就业如此困难，我总是找不到满意的工作，该怎么办呢？""如果考不上理想的学校，我的未来会不会更渺茫了呢？"

如果你感觉自己正处于人生的低谷，无法凭一己之力改变现状，那么就坚定地告诉自己："我很幸福！"持续地给自己这样的积极暗示，我们就会变得很乐观，从而可以从日常生活中找到一些简单而纯粹的美好。

当你擦干眼泪，静下心来重新审视某些问题时，或许会发现：它并没有想象中的那么可怕。

😊 别害怕，一切都没那么糟

人生中既有春暖花开的美妙时光，也有寒风凛冽的艰难时刻。一个年轻人在创业初期，遭遇了一系列的失败。他的餐饮店因资金链断

裂而被迫关闭，沉重的债务让他几乎喘不过气。朋友们为他感到焦虑，他却出人意料地微笑着说："这次失败至少让我看到了许多潜在的风险。"

他并未在痛苦中迷失方向，而是迅速调整心态，积极寻找新的机遇。经过不懈的努力，他第二次创业获得了成功，将一个小吃摊发展成为本地知名的连锁品牌。

这个故事向我们传达了一个信息：当人们处于困境时，如果能保持积极乐观的心态，事情总会出现转机，或者得到圆满解决。无论是哭泣还是微笑，有些事情我们必须去解决，既然这样，我们为何不选择微笑面对呢？

生活有时候会很难，但这并不能打垮我们。

对呀，要微笑着面对困难，事情总会解决的！

快乐小贴士

许多人觉得笑是极为简单的事。然而，当我们被某些事影响时，就笑不出来了。给大家分享一个小妙招：在心情不好的时候，不妨试着强迫自己笑一笑。找一面镜子，对着它做出微笑的表情，哪怕一开始只是苦笑或者傻笑。慢慢地，我们就会发现自己的心情渐渐好起来了，甚至可以开怀大笑。继续坚持下去，你会发现自己笑起来的样子其实很美。

别让"小麻烦"破坏好心情

在生命的长河中，我们难免会遭遇风浪。然而，在多数情况下，真正让我们停滞不前的，并非那些惊涛骇浪，而是那些微不足道的"小麻烦"。

☺ "麻烦"来自负面的思维方式

当孩子笑着面对低分试卷时，一些家长往往会厉声训斥："考这么差还笑呢？亏你笑得出来！"但是，当孩子因为考试分数太低而默默哭泣时，家长却会和颜悦色，觉得这是"有上进心"。这种教育方式无疑是畸形的，表面上看是在培养孩子的上进心与荣辱观，实际上

·5·

会让孩子形成一种负面的思维方式，导致孩子长大后遇到一点事就眉头紧锁、忧心忡忡。

😊 "小麻烦"不值得难过

在日常生活和工作中，"小麻烦"似乎无处不在。它们可能是小的争执、不经意的差错或是轻微的挫折。

然而，这些看似微小的事情，却常常使我们深陷烦恼的泥潭。

我们之所以会被这些小事困扰，是因为我们倾向于将它们放大，让它们遮蔽了我们本应愉快的心境。然而，事后回头看那些让我们心情变糟的"小麻烦"，我们会意识到那些事情并不值得我们悲伤、自我消耗、愤怒，也不值得我们投入太多精力去解决。

我们应该改变视角，超然物外，以旁观者的身份去审视那些困扰我们的"小麻烦"，这样我们才不会被它们左右。

此外，调整心态也至关重要。保持一颗平和的心态，不要过于计较得失。遇到烦心事时，尝试深呼吸，让自己冷静下来，然后问自己："这件事真的值得我如此烦恼吗？"

当能够以平和、乐观的态度去面对生活中的"小麻烦"时，我们会发现：生活中其实并没有那么多烦心事。同时，我们也要学会放下，不要总是纠结于已经发生的事，而是要将目光投向未来，朝着更远大的目标前进。

"人生如寄，多忧何为？今我不乐，岁月如驰。"人生短暂，我们没有时间把精力浪费在一些无意义的小摩擦、小挫折上。不要让小事束缚自己，应该挣脱忧郁的枷锁，带着愉悦的心情，向光明的未来扬帆起航，这样我们才能看到更美的风景。

从没见你发过火，你是怎么做到的？

要学会调节情绪。

好心情带来好身体

很多时候，我们会有"被气得头疼""紧张到手脚冰凉"之类的感觉，这很可能是我们下意识地将小问题放大了，并且把负面情绪转化到了身体上。压力过大会引发一系列生理问题，如消化不良、失眠和头痛等。一旦身体感到不适，就更没有动力去解决眼前的问题了。所以，让我们开心起来吧。

哄自己开心，其实很简单

在现代社会，由于生活节奏快、工作压力大，我们的情绪极易受到影响。工作、学习、感情、家庭等问题都可能使我们感到沮丧，出现负面情绪。此时，找到一些让自己走出阴霾，寻回快乐的方法非常重要。

😊 转移注意力

遇到烦心事的时候，一些人会对它耿耿于怀，使自己越想越痛苦。莎士比亚说："忧愁的根源是思考，所以不要想太多。"我们应当学会转移注意力，不再执着于那些不开心的事，给心情放个假。

"哄自己开心"的几种方法

当心情不好时，怎么才能"哄自己开心"呢？以下几种方法十分简单，且易于实践。

1. 用美食治愈心情。美食不仅能抚慰味蕾，还能滋养心灵。当我们感到不快乐时，不妨享用一顿丰盛的美食来舒缓心情。可以选择比萨、麻辣烫、蛋糕等自己喜爱的食物，尽情享受，还可以邀请朋友一起外出用餐，分享美食带来的快乐。

2. 出门走一走。有时候，我们会感到烦躁、无聊，甚至抑郁，这是因为我们觉得生活过于单调和封闭。这时，我们可以尝试外出散步，换个环境。即使没有时间远行，也可以逛逛商场，或者在家附近的街道上踩踩落叶。

3. 运动释放压力。运动是有效释放压力的方式之一。它能够增强免疫力，提高睡眠质量，并且能够促进多巴胺的分泌，让心情变得更好。我们可以选择自己喜欢的运动，如游泳、跑步、打球、瑜伽等。在运动中尽情地流汗，会让我们感受到轻松、愉悦和自由。

4. 从阅读中获取能量。阅读是一种极佳的放松方式。当我们心情不佳时，不妨静下心来阅读，从书中汲取能量。沉浸式地感受书中的人物、情节与思想，忘却现实中的烦恼，从而让自己的心情得以好转。

5. 独处，放空自己。独处能让我们的内心得到休息，思维变得清晰。正如马尔克斯在《百年孤独》中所写："比起被人左右情绪的日子，我更钟情无人问津的时光；一个人最好的状态就是独处的时候，安静且自在，无须顾忌他人的情绪，也不必刻意揣摩他人的心思，自己陪伴自己，回归真实的自我。"当我们感到不开心时，可以什么都不做，对自己说一声"辛苦了"，也可以进行冥想或者做任何能让自己内心平静下来的事情。这样，我们的心情便会变好。

6. 好好睡一觉，让自己恢复精力。柔软的床铺、温暖的被褥和舒适的枕头等能让我们忘却一切，轻松地进入梦乡。一觉醒来，坏情绪会被留在梦中，而我们的心情会越来越好，身体也会更有活力。

人生短暂，如果将大把时间都给了坏心情，那可太不划算了。

如果做了这些还是很难过，那该怎么办呢？

记录情绪，释放压力

当你开始把那些萦绕在脑海的忧虑写在纸上时，你会发现，它能够帮助你清晰地看到问题的本质。通过这种方式，你可以逐渐学会如何管理自己的情绪，如何将注意力转移到更有价值的事情上，最终达到减轻心理负担、提高生活质量的目的。

学会"翻篇儿"，不钻"牛角尖"

人生中没有过不去的难关，也没有真正放不下的事情，关键在于我们的心态。让过去的事情归零，学会翻过这一页，忘记过往的不快，这样我们才能重新出发，迎接一个全新的自己。

😊 让人拧巴的"牛角尖"

"牛角尖"一词常用来指那些不值得研究的或是无法解决的问题。"钻牛角尖"是说一个人深陷于自己的偏见和局限中，无法以更广阔的视角看问题。这种拧巴的心态让人们在面对问题时，既想找到答案，又想坚守原有的思维框架，不愿接受新信息和新观点。

· 11 ·

当人们处于烦闷、苦恼、失意的状态时，往往容易钻"牛角尖"。这样一来，眼光会变得狭隘，情绪也会持续恶化，最终使自己陷入难以摆脱的困境。

😊 厉害的人，都懂得"翻篇儿"

有一个女孩，在感情上投入了很多精力，却遭到了对方的背叛。但她既没有哭泣，也没有吵闹，只是默默地离开了。从那以后，她再也没有联系过对方，而是全身心地投入到自己的事业中，最终在事业上取得了成功。

这个女孩活得洒脱，她拥有"翻篇儿"的能力，不会让自己一直困在一段感情中。她既勇于开始，也敢于结束。

在人生的旅途中，我们不可避免地会遇到各种各样的事情。我们不能总是对一件事耿耿于怀，而应该学会让它"翻篇儿"。

那些生活幸福快乐的人，都具备"翻篇儿"的能力。无论遭遇多么悲惨的境遇，他们都能迅速调整心态，积极地大步向前走，勇敢地面对未来。

😊 做个快速"翻篇儿"的人

如果某件事让你感到不快，那么你要转变心态，乐观地看待，不要让烦恼占据心头；如果某个人让你感到不悦，那就尽量远离，不要为不值得的人而委屈自己；如果某种环境让你感到不适，那就选择离开，既然我们无法改变环境，那就改变自己。

生活本就充满起伏，我们应当看向未来，而不是沉溺于无意义的过去。不要总是回首，而应该与过去和解，及时释放那些需要释怀的，果断放下那些需要放下的，这样我们才能拥抱充满阳光的明天。事实上，事情或许早已翻篇儿，唯独我们仍深陷其中。若想改变钻"牛角尖"的思想，我们不妨尝试以下策略：

分散注意力，沉浸于娱乐活动或运动中，寻求片刻宁静；

采用"推迟法"，将烦恼推迟至特定的"担心期"，有效降低偏执；

学会积极接受，不争辩、不逃避；将偏执想法及其引发的情绪记录下来，正面审视过往的烦恼，有效减少冗余思绪。

一点不钻"牛角尖"好像不太现实。我们也不能糊涂地过一辈子啊！

那就少跟自己抬杠，把精力用在钻研业务上。

拧巴时让大脑"重启"

生活里总会出现一些拧巴的时候，这时人的思维就像电脑死机一样，总是卡在某个状态过不去。只有学会采用正确的方法，让大脑"重启"一回，我们才能摆脱钻"牛角尖"所带来的痛苦。

第二章

告别内耗，治愈"玻璃心"

你知道吗？内耗并非赶不走的阴霾，"玻璃心"也有可能进化为"钻石心"。只要掌握方法，就能赶走"负能量"。从现在起，让我们带着微笑和勇气，书写自己的精彩人生，朝着阳光大步向前！

心灵警报，你中了几条？

我们为实现梦想，步履匆匆地前行，但不知从何时起，一种从心底生出的疲惫悄然袭来。心累，是生活亮起的警示灯，它在提醒我们："是时候停下来，让心灵休息一下啦。"

😊 心灵警报，不容忽视

你是否因为一点小事就大发雷霆，或是突然陷入低落的情绪中难以自拔？早上上班的路上，因为交通拥堵烦躁不已，或者因为同事一句无心的话，就郁闷了一整天。这种情绪上的大起大落，其实就是心累的表现，是心灵发出的警报。

当压力与烦恼持续累积，未能及时得到释放时，心灵就会变得脆弱而敏感。这并不是我们的脾气变糟了，而是内心在向我们发出"求救信号"，它在说："我已经疲惫不堪了，快关注我一下吧！"这种疲惫感，如果得不到纾解，会造成一定的心理问题。因此，我们需要学会及时释放压力，关注自己的内心世界。

当发现自己出现上述问题时，既不必慌张，也不可忽视。尝试给自己留出一些时间与空间，去做一些能使自己放松的事。只有心灵得到了放松，我们才能够以更积极的状态去迎接未来的挑战。毕竟，心灵的健康才是我们幸福生活的基石。

😊 倾听内心的声音

当我们感到心累时，不妨停下脚步，倾听一下内心的声音。

玲玲是个职场白领，长期高强度的工作让她身心俱疲。一次偶然的机会，玲玲决定给自己放假，远离城市喧嚣，前往海边观景。在海边，玲玲抛开烦恼，静静地坐在沙滩上，感受海风的轻抚。那一刻，她仿佛与自然相融，内心渐渐放松下来。玲玲反思后发觉，自己一直忙于工作，却忽略了内心真正向往的东西。

旅行归来后，玲玲开始重新审视自己的工作与生活。她调整了工作节奏，拒绝不必要的加班和任务，把时间留给自己，去做喜欢的事。渐渐地，她不再疲惫，生活也充满了乐趣。

我们也能如玲玲这般，给自己一个喘息的机会，去寻找内心的宁静。通过反思，我们能更清楚地了解自己的需求，找到自愈的力量，重新燃起生活的热情。

😊 别紧张，心灵有自愈能力

心灵劳累尽管会给我们带来痛苦与困扰，但只要我们给自己一个放松的机会，它就可以自愈。心灵自愈的过程同样是我们成长的机遇，它能让我们更深入地认识自己，洞悉内心的需求与情感状态。我们还能学会怎样轻松应对生活中的压力与挑战，增强自身的心理韧性，提高适应能力。

心灵自愈后，我们或许会发觉：疲惫感已悄然散去，我们正一步一步地走出那片阴霾，以更为饱满的状态去迎接全新的旅程。因为我们明白，自愈的力量一直深藏在我们的心灵深处，随时都在等待着被唤醒。

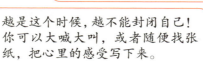

我感到身心俱疲，连门都不愿意出了。

越是这个时候，越不能封闭自己！你可以大喊大叫，或者随便找张纸，把心里的感受写下来。

快乐小贴士

　　当你感到心灵不堪重负时，不妨发泄一下。大声尖叫实际上是一种有效的心理治疗手段，它能够帮助我们释放内心积压的情绪和压力。这种情感宣泄方式有助于让真实的自我展现出来。因此，如果感到压力大、焦虑不安，不妨找个私密的空间，尽情释放一下自己的情绪。

"非必要烦恼"断舍离，
轻松做自己

内耗的根源是"想的太多"。多反省、多思考可以让我们更好地认识和解决问题。不过，思虑过度可就不妙了，它容易给我们带来不必要的痛苦与烦恼，甚至演变成心理障碍。

😊 很多烦恼都是自己想起来的

在生活中，你是否有这样的经历呢：因为别人的一句话、一个眼神就翻来覆去想半天；因为自己没有考上理想的学校、没找到理想的工作，就唉声叹气，认为前途渺茫；因为自己过得不如别人，就暗暗自卑……

过分在乎、期望太高、心理失衡……都是构成内耗的因素。

😊 让烦恼归零的"万能钥匙"

如果经常因各种事情而烦恼，可以使用这个消除烦恼的"万能钥匙"：

首先，正视让自己烦恼的事情，并对其加以分析，进而推测出可能产生的最糟糕的后果。

其次，在推测出最糟糕的后果之后，想一想：如果它真的发生了，我要怎样去接纳呢？

最后，花费时间和精力，试着去改善未来可能出现的那种"坏情况"。

那么，要怎样坦然面对严重的后果呢？可以这样自我安慰："车到山前必有路。兵来将挡，水来土掩。"对还未发生的事情过度担忧，既无必要也无益处，因为未来往往不会按照预想的那样发展。

常言道："活人不能被尿憋死。"即便遇到困难，我们也有应对的办法。要是实在难以解决，那就顺其自然好了。

😊 赶走内耗的四字"咒语"："我不要了"

内耗的根源是欲求过多。

想要妥善处理自己与他人的关系；渴望得到他人正面的评价；期望获取比他人更多的财富与更高的地位……在乎得越多，内心就越发敏感。所以，不妨将"我不要了"当作往后的处事方法。

假如某段感情是我们痛苦的根源，不管是友情还是爱情，我们都要勇敢地说出：我不要了。

"不要"的后果是什么呢？不管舍弃哪段感情，都不会影响自身健康以及个人的生活质量，甚至我们还会多出大量的时间和精力。因此，无须迁就他人，应为自己畅快地活一回。

倘若工作成了痛苦的根源，感觉自己明明努力了，结果却不尽如人意；付出了，却依旧在原地打转。

那便告诉自己：我不要了。

不去争抢升职机会，不去争当领导面前的"红人"，也不和同事攀比业绩，会怎样呢？

在那一刻，我们会发觉自己突然就解脱了，获得的力量感极为强大。心中那块沉甸甸的大石头，一下子消失不见了，不再瞻前顾后，不再计较得失。全力以赴做好当下的工作，不去考虑结果，上班就仔细认真地工作。

当我们如此专注，心中只想着工作的时候，就会发觉自己的工作效率莫名地提高了。不再惧怕工作日，不再对未来感到迷茫。做好手头的事，其余的就顺其自然吧。

再回过头看，我们就会发现：不知不觉间自己已经具备了"只专注于一件事"的能力。当我们真正沉浸在一件事情中时，那种全神贯注的感觉是无比美妙的。它让我们忘却了时间的流逝，也让我们在不知不觉中成长和进步。这样，日后无论面对何种困难和挑战，我们都能以更加从容和自信的态度去应对，结果自然也不会差。舍弃"非必要烦恼"，我们的生活就会充满阳光。

道理我都懂，可还是忍不住想一些让自己焦虑的事，怎么办呢？

未来的事谁都说不准。不如把注意力集中在当下，做真正有意义的事。

健康是最宝贵的财富

　　当我们因为某人或者某件事难以入眠时，不妨问问自己："人这一辈子，到底什么才最重要呢？"健康永远是人生最宝贵的财富，拥有了健康，才具备生活的底气。否则，有再多的荣华富贵也毫无意义。不管在什么时候，都要懂得善待自己，保持健康。

有效解决问题的方法

我们每天都会面临一些问题，从修理家用电器、确保上班不迟到，到应对工作中的挑战、维持健康及妥善处理人际关系等。这些问题有时会让我们感到疲惫不堪。然而，只要我们掌握了正确的方法，就不会再被这些问题困扰。

🙂 解谜游戏，我们每天都在玩

我们无须惧怕问题，因为生活本来就是一部破解关卡的"小游戏"。

能够有效解决问题的方法，就像是游戏的通关攻略。如果我们能够有针对性地多做练习，进而形成一种反应模式，那么在遇到问题时就能找到适当的、有效的解决方法。

🙂 用三招击败各种难题

生活中的困扰各种各样，我们使用以下三招就可以将它们一一解决。

1. 关注解决方案，而不是问题本身

当我们将注意力都集中在问题上时，会不知不觉地滋生出消极情绪，妨碍我们挖掘潜在的解决方案。

就拿买房子这件事来说，如果总是纠结"买不起"，想着自己微薄的工资，就会越想越失望。如果积极地想办法，比如通过提高自己的收入、借助分期贷款、向亲友借钱等途径和方式，我们的"房子梦"就会变为现实。

2.把事情简单化

这个场面也许每天都在发生：某人与伴侣用餐时，伴侣不小心将一包新买的纸巾遗落在餐厅。于是，那人便恼怒地指责伴侣，伴侣十分生气，因此两人便激烈地争吵起来。

如果两个人冷静下来想一想，搞明白争吵的原因仅仅是为了一包纸巾的时候，还会认为有争吵的必要和意义吗？

3. 调整思考方式

我们可以用"如果……会怎样"和"万一这么做……能不能……"之类的短语来引导思考，打开我们的思路，进而找到问题的解决方法。

要改变思考方式，避免使用封闭的否定性语言，像"我不认为……"或者"但这是不好的方式……"等表述。

工作、家庭、爱情、人际关系……随时都有可能出现问题，什么时候才是个头呢？

不要害怕解决问题。问题的出现，只是生活对当下状况的自然反馈而已。

快乐小贴士

与人交往难免会出现冲突和分歧。处理冲突时，要尽量用温和、理性的语言表达，避免使用攻击性和过度情绪化的语言，如用"我觉得""我认为"代替"你总是""你从来不"；用"我需要一些支持"代替"你让我感到不舒服"；等等。妥善处理矛盾与冲突，可以让彼此少一些内耗。

时间管理与专注力：摆脱内耗的"秘密武器"

产生内耗的根本原因在于"过度思考而行动不足"。因此，我们必须集中精力，让自己无暇内耗，重新掌控生活的节奏。

😊 做时间的主人

如果把时间都花在内耗上，等自己情绪缓解后再思考，我们在痛苦中挣扎的时间就会很久，会浪费很多时间。

所以，为了不再浪费宝贵的时间，我们必须管理好自己的时间，做时间的主人。

1. 流水账式时间管理

流水账式的时间管理非常像学生的课程表，只不过这次是由我们来自由安排。将一整天的每个时间段该做的事逐一列出，如7点起床，8点30分用早餐，19点吃晚饭，21点刷会儿视频，22点睡觉等。这十分适合那些缺乏计划性、容易忘事儿的人。这种方法的可操作性较强，对初入职场或者刚踏入大学的学生比较适合。

当然，这个方法存在一个弊端，那就是时间安排得太过僵化。一旦有一项工作耗时超出预期，其他工作便都会受到影响。比如，上午工作时遇到些事情，一直处理到下午，连午饭都没顾上吃，这就是所谓的"计划赶不上变化"。所以，在制定工作表的时候，务必考虑到突发状况。

2. 四象限时间管理

每天晚上，或者第二天刚上班时，我们都可以拿出纸条，按照"重要紧急""重要不紧急""不重要紧急""不重要不紧急"这样的顺序，把自己一天要做的事情写下来，然后再按照写下的顺序逐一解决。

四象限时间管理法是一种非常实用的时间管理方法，它并不需要我们去精确地规划每一分每一秒，而是通过将事件按照优先级进行排列，来帮助我们更好地管理时间。通过这种方式，我们可以清晰地看到哪些任务需要优先处理，哪些任务可以稍后处理，哪些任务是可以不做的。使用四象限时间管理法，可以让我们做事有条理，让我们不会因为杂乱无章的任务安排而感到压力重重。同时，这种方法也能确保我们不遗漏重要的事情，因为所有重要的任务都被明确地划分到了相应的象限中。

不过，因为这种方法不具体要求某个时间做某件事，所以执行力差的人可能会不按计划行动。前一天晚上雄心勃勃地写下了第二天要做的一系列事情，可第二天一觉就睡到了下午 2 点。这种情况很容易发生。此外，排在后面不紧急不重要的事情有可能会被忽略掉。

☺ 专心做事，无视内耗

做好时间管理能够帮助我们更好地审视自我，深入思考，从而让我们变得更加专注。当我们全神贯注于某件事时，那些内耗便会悄然消失。

1. 选择一个不受打扰的环境

一个良好的环境能有效激发人的积极性。例如，许多人偏爱在图书馆阅读，这是由于学习氛围浓厚的环境更容易让人进入状态。因此，若想提高专注力，可以从改善环境入手，减少外界干扰。比如将手机置于视线之外，关闭应用程序的通知等。

2. 摒弃多任务处理习惯

一些人在处理任务时喜欢一心多用，手头忙于事情 A，心里却想着事情 B，结果导致两件事都未能保质保量地完成。鉴于人的精力和注意力有限，建议在同一时间段只专注于一项任务，完成此项任务后再去做下一项。逐渐地，你会发现自己的工作和学习效率有了显著提高。

3. 培养个人兴趣爱好

无论工作多么繁忙，都应抽出时间培养个人兴趣爱好。兴趣爱好有助于放松身心，缓解压力。运动、旅游、学习一项新技能等都是极佳的选择。当我们沉浸在自己热爱的活动中时，自然会无暇焦虑或内耗。

我最近压力很大，心情不好。

我理解你的感受。你应该培养一些兴趣爱好，比如绘画或者园艺等。

自律小贴士

　　充沛的精力是专注的前提。如果常常熬夜、饮食毫无规律，就会使身心处于疲惫状态，导致我们不能长时间集中精力处理事务。因此，我们必须保证充足的睡眠，这样工作、学习时才能头脑清醒、精力充沛。

第三章

做情绪的主人

在当今社会，情绪管理已经成为我们不可忽视的重要课题。面对纷繁复杂的事物和境况，我们的情绪反应往往是多样多变的，只有保持情绪稳定，才能处变不惊，妥善处理面对的矛盾和应对的挑战。

坏情绪：噩梦的"罪魁祸首"

在梦中被人紧追不放，双腿却如灌铅般沉重；梦到考试关键时刻，笔没墨水了……这些噩梦不仅带来即时的恐惧与焦虑，更在心灵深处种下难以消散的阴霾。噩梦，往往是不良情绪在潜意识中的映射。

😊 噩梦是坏情绪的表达形式

有人从噩梦中惊醒，惶恐地将噩梦归咎于"超自然力量"。然而，真正编织这些梦境的不是幽灵、鬼怪，而是我们未曾释怀的纠葛与伤痛。

这些内心的"电影"不仅晚上会影响我们的睡眠，白天也可能让我们处于烦躁和沮丧之中，甚至会影响我们的身心健康。

调节情绪，走出噩梦

如果我们正遭受噩梦的困扰，不妨试试以下几种调节情绪的方法。

其一，记录梦境，分析情绪。醒来后尽快把梦到的内容记录下来。分析自己在梦中情绪的变化，以及这些情绪与现实生活之间的关联。这种方法能帮助我们更好地剖析自己的心理，进而调节因噩梦而产生的负面情绪。

其二，倾诉、分享，纾解压力。找一个值得信赖的朋友或者家人，将噩梦的情景和内心的感受倾诉出来。朋友或者家人也许会从不同的视角给予我们一些建议和慰藉，使我们认识到噩梦并非想象中的那般恐怖。

其三，注意放松身心，赶走焦虑。我们可以进行一些放松身心的活动，以舒缓噩梦带来的各种情绪。例如，做几次深呼吸：缓缓吸气，使空气充满腹部，再慢慢呼气。像这样重复几次，我们就会发觉身体渐渐放松了下来。

别再为噩梦而烦恼了。只要我们正视它、理解它，以积极的心态和行动去应对，就能摆脱噩梦的困扰，让心灵重新得到安宁。

听说如果大脑长期缺乏制造快乐的多巴胺，就会被噩梦困扰。

所以我们要及时与坏情绪说再见。白天不快乐的人，晚上也很难睡安稳。

🍵 健康小贴士

　　中医推崇健康饮食，认为合理的饮食有助于睡眠。因此，可适量食用诸如糯米、山药、百合、莲子等有养心安神功效的食物。另外，要减少或者避免食用辛辣刺激性食物与饮品，防止暴饮暴食及过度饥饿，保持饮食的均衡与规律。

疏导压抑：打开情绪的枷锁

当下，一些人正遭受抑郁或焦虑情绪的困扰。持续的压抑是导致心理问题的主要因素。正念理论倡导的深呼吸技巧、视觉化和引导性意象练习以及渐进性肌肉放松训练，是最为简便且最适合我们缓解压抑情绪的策略。

😊 正念：不再逃避，直面当下的一切痛苦

小李是一位年轻的职场人士，他一向以高标准要求自己，追求工作上的完美。然而，在一次重要的项目汇报中，他因为紧张而出现失误，导致项目进展受阻。这次事件后，小李陷入了深深的自责，他开始不断地进行自我批评，认为自己一无是处，甚至开始怀疑自己的职业能力。

面对这种自责和焦虑的情绪，小李选择了逃避和否认。他尽量避免提及这次失败，生怕被人嘲笑或看不起。他试图通过疯狂工作来弥补这次失误，但内心的痛苦却与日俱增。随着时间的推移，小李的情绪问题逐渐恶化。他开始出现失眠、食欲不振等症状，工作效率也大幅下降。

就如小李一样，一些人之所以感到痛苦，往往是因为他们对自己的情绪持否定态度。自我批评、焦虑、愤怒和逃避不仅会加剧痛苦，

还会导致情绪问题的恶化。如果我们能够以积极的心态去面对当前的感受，痛苦就会减轻，情绪也会得到改善。"正念疗法"就是鼓励我们正视当前的所有感受和思考，以减轻痛苦，提高生活质量。

在"正念疗法"中，深呼吸法和渐进性肌肉放松训练备受青睐。这两种方法不仅简单易行，而且能有效帮助我们应对日常生活中的压力和负面情绪。

😊 深呼吸法：随时纾解压力的法宝

深呼吸法是一种极为简单且有效的放松训练，适合所有人，可在任意时间和场景下使用。

首先，我们需要站立或者躺下，将膝盖弯曲，两腿分开，宽度与肩部相同，脚尖稍稍向外，让脊柱挺直。

然后，查看自己身体的紧张状况，一只手放在胸前，另一只手放在腹部。接着，缓缓吸气，将气吸到腹部，吸气的程度以自己感觉舒适为准。

慢慢呼气的同时保持微笑，发出轻微的、带有放松感的呼气声，就像向外轻轻吹气一样。当感到身体越来越放松的时候，就可以把注意力集中在呼吸的声音和感觉上。

当躺着能够轻松完成呼吸练习时，就可以尝试坐着或者工作时进行呼吸练习。在这种情况下，一旦自身感到紧张，便会本能地进入深呼吸状态，从而随时随地进行放松。

每次练习的时长以 5~10 分钟为宜，每天练习 2 次，至少要持续几周。若训练效果较好，可以长期坚持。

当我们发觉自己出现抑郁、易怒、肌肉紧张、头痛、疲劳等状况时，便可以采用呼吸法了。

😊 渐进式肌肉放松训练：放下执念，怒气消散

渐进式肌肉放松训练涉及全身多个肌肉区域的收缩与放松，具体包括左脚、左小腿、左大腿、右脚、右小腿、右大腿、臀部、腹部、左手、右手、双臂、后腰、肩部、颈部和头部。在训练过程中，应在吸气时收缩相应肌肉群并短暂屏息，随后在呼气时放松肌肉，以此释放累积的张力。当肌肉的放松节奏与呼吸自然同步时，个体将达到一个更深

层次的放松状态。训练结束后，建议保持静卧状态数分钟，以使放松效果最大化。

此训练的核心价值在于，其能够帮助个体清晰区分肌肉紧张与放松时的不同感觉，从而让其学会放下内心的执念，有效减轻生活中的压力。科学研究已证实，渐进式肌肉放松训练对于缓解焦虑、应激反应、高血压、偏头痛、哮喘及失眠等多种健康问题具有显著效果。

需要注意的是，如果心里压抑较为严重，对日常生活和工作造成了影响，那么请及时寻求专业的帮助。我们不应该回避有关心理咨询、舒缓压抑的话题。

听说生活中的很多场景都可以融入正念练习，比如正念呼吸、正念走路等。

正念能帮助我们感受日常生活中丰富的细节，找回内心的力量！

☕ 健康小贴士

　　除正念疗法外，身体接触也能够极大地舒缓压力，尤其是拥抱亲人。当我们与亲人拥抱时，催产素（亦被称为"拥抱激素"）就会被释放出来。催产素与更高的幸福感存在关联，它还能使血压降低，减少压力荷尔蒙的产生，带来放松的感觉。因此，当负面情绪涌来的时候，别难为情，向亲人索要一个拥抱吧。

正向暗示：和负面情绪"聊一聊"

我们都知道，如果频繁地发怒、生气和忧伤会对身体健康造成损害。然而，我们往往难以控制自己的情绪。有人说："仅仅维持一个情绪稳定的形象，就已经耗尽了我们一半的精力。"那么，我们该如何避免频繁地陷入情绪崩溃的境地呢？

😊 摆脱负面情绪，从来不是靠"忍"

我们是否经常深陷于负面情绪中呢？在工作中，我们帮助了遇到困难的同事，然而当我们有求于他时，他却百般推托，这使我们感到不解和伤心；做饭时，不小心切到了手，想让男朋友帮忙拿个创可贴，可男朋友沉迷于游戏，随口说一句："自己拿去！"听到这话，我们会感到失望和委屈……心态"崩"的次数越多，就越觉得疲惫。最终，我们都学会了忍耐，以为忍耐就能甩掉负面情绪。

然而，想要摆脱负面情绪，靠"忍"是绝对不行的。情侣之间，如果总是回避矛盾而不去沟通，最终往往会因为一点小事导致感情破裂。处理负面情绪也是如此。当负面情绪使我们不开心的时候，我们也要学会和它"聊一聊"，否则它很容易把我们的精力消耗殆尽，使自己最终被"负能量"吞没。

😊 反驳不合理的想法

我们应当主动挖掘内心那些不合理的想法，随后逐一对它们进行有力的反驳——包括夸张的想法、自己难以忍受的抱怨、贴标签以及过度以偏概全的看法，直至自己深信这些想法都是毫无根据的。具体做法是：

对于夸张化的想法，我们提出疑问："诚然，一个大项目的失败令人不悦，但它真的有那么可怕，足以让一个人的世界天塌地陷吗？"

针对自己无法忍受的抱怨，我们要进行自我反思："我真的无法承受失去某人的爱吗？它真的会威胁到我的生命吗？或者，失去这段感情就意味着我的人生从此没有快乐了吗？"

对于给自己或他人随意贴上的标签，我们坚决反驳："仅仅因为没有通过一次考试，就能判定我是个失败者吗？"

通过反驳这些非理性的想法，我们能够开辟道路，接纳更为有效且积极的新观念。在此基础上，利用积极的心理暗示，我们就能够逐步调整自己的期望与看法，使之更加适度与合理。

😊 积极的心理暗示，将愿望与目标"合理化"

在心理咨询中，存在一种名为"安慰剂效应"的现象，它指的是我们可以运用自我暗示来调整心态。

面对生活中的不如意，比如孩子成绩不佳或伴侣缺乏事业心，试着这样想：孩子虽然成绩不理想，但他活泼可爱、阳光自信，这是很宝贵的；伴侣虽无强烈的事业心，但他对家庭的付出却是无价的。

当自我表现不尽如人意时，请提醒自己：在某些方面我可能存在不足，但在其他方面，我有着独特的能力和贡献。

失恋时，陷入痛苦与绝望，不妨换个角度看：一个人的离别，或许正是新机遇的开始。未来，我可能会遇到更加合适的人。

在与负面情绪的一次次对话中，我们会懂得：把自身的一些正常愿望、目标或者偏好，转变成绝对化的要求，才是导致失望、苦恼与恐惧的根源。

总而言之，我们应以理性的态度看待自己的人生，只评价不评判。

只对自己的行为进行评价与衡量，而非评判自己的性格、人生、本质或者整个人。

道理我都懂，但如果下次我还是没有通过专业技能考试，我可能还会感到痛苦的。

有些事情是无法避免的，只要努力过，就没什么可沮丧的。

快乐小贴士

　　在遭遇挫折时，负面情绪往往源自内心的非理性思维。迅速辨识并标记这些思维模式，有助于我们摆脱痛苦。这些非理性的思维主要有三种类型：（1）为自己制定过高的目标，认为若无法完美完成任务则毫无价值；（2）对他人抱有过高的期望，要求他们必须对自己友好，否则便将其视为不善之人；（3）要求现实必须与自己的期望相符，否则便觉得失望。

好心态，好运来

心态积极的人往往拥有更好的运气，他的生活之路也会更加顺畅。这并非主观的想象，而是一个客观存在的现象。与心态消极的人相比，心态积极的人更容易遇到幸运的事情。这正是所谓的"吸引力法则"。

😊 "吸引力法则"并不是玄学

"吸引力法则"就是说我们能够吸引来自己想要的东西。这听起来有点玄，但仔细琢磨，好像又不无道理。例如，秉持积极、乐观的信念时，好事就会自然降临；如果怀着负面、消极的想法，最终的结果可能就会不尽如人意。因此，在着手做一件事之前，不妨试着运用"吸引力法则"。

与之相反，在心理学中有个"受害者心态"的理论：当一个人将自己视为"受害者"时，生活就会充斥着糟糕的境遇。当我们认为自己很失败的时候，不管做什么，都会碰壁。

"吸引力法则"的外在表现：富足者越来越富足，匮乏者持续匮乏。当我们从"受害者"心态转变为"创造者"心态时，世界就会改变。心怀感恩，便能吸引富足；心态乐观，就能吸引好运。人们常说："你以为外面风雨交加，真正走出去才发觉，外面其实晴空万里。"因此，在日常生活和工作中，我们应以积极的心态来看待问题。

😊 信念是实现愿望的"魔法棒"

或许有人会提出疑问："只有愿望难以实现时，才需要借助'吸引力法则'，那么如果自己能够实现愿望，'吸引力法则'又有什么用呢？"实际上，这里所指的实现，并非字面上的完成，而是一种心理状态——完全相信自己有能力实现愿望。

那么，如何达到这种心理状态呢？一位心理学家提出，若想获得某物，最佳途径是学会自我暗示。当我们内心深处认为自己已经拥有它时，最终将会实现这一愿望。这正是"吸引力法则"的奥秘所在。例如，要成为理想中的自己，首先必须相信自己能够做到，然后假装自己已经成为那个理想中的自己。随着时间的推移，我们会发现，理想中的自己正朝着自己走来。当我们真正相信自己之后，我们的认知、心态、行为等都会发生改变，激励我们不断进步，最终实现梦想。

信念是一种强大的力量。当我们极度渴望实现某个愿望时，这种信念会转化为内在的动力，驱使我们采取行动、做出改变。"吸引力法则"并不是让我们无所作为，只凭幻想来获得所求之物，而是在我们渴望某种生活，并且深信自己能够实现时，引导我们、帮助我们达成愿望。因此，若要迎接好运，首先需要改变自己的心态；若想吸引某物，首先要在心中拥有它。我们要坚信："月亮和群星终将向我奔来。"

如果使用了"吸引力法则"还是没能转运，是不是说明信念的力量没用呢？

要相信一切事情的发生都有利于我。

好运小贴士

　　坚信自己是人生故事的主角，而不必过分在意世俗的评价，只需专注于自己的需求，思考自己渴望的生活方式，并向其迈进。这样，在追求成功的过程中，你将更加坚定和自信。

恋爱的吉祥物：达观

一段愉悦而甜蜜的恋爱关系，需要双方全身心投入，双向奔赴。有些人常常抱怨："爱情似乎总是与我擦肩而过。一旦我开始恋爱，就会变得过分谨慎，最终可能毫无征兆地突遭分手。"然而，真正的健康恋爱并非通过追求来实现，而是源于相互吸引。在恋爱中，"达观"二字，正是那条"吸引力法则"。

☺ 第一招：顺其自然，不妄加猜测

在恋爱过程中，我们是否经历过这样的心理波动？当恋人突然不

回复信息时，痛苦和焦虑便如潮水般袭来，我们不自觉地开始设想各种正常反应可能性：对方是否已变心？是否正与他人相处？是否不再爱我？

一段不快乐的恋情，无法为我们带来滋养，反而会让我们整日处于忧虑和不安之中。

然而，情绪的波动是人的正常反应，那些不触及原则的争执，往往只是在相互伤害。当我们试图解读恋人"为什么不高兴"时，对方可能只是想玩一会儿游戏来排解不良情绪；当我们觉得恋人似乎变得冷淡时，对方可能只是在专心处理工作。猜疑不仅无法为我们带来快乐，反而会让自己和对方都感到不快。过度为他人担忧，只会无谓地消耗自己的精力。至少在亲密关系中，不那么在意他人的看法，可以让我们更加自在。

😊 第二招：情绪稳定，不激化矛盾

在恋爱过程中，产生矛盾是十分普遍的。当感到委屈或愤怒时，我们应如何应对呢？

最合适的处理方式并非与伴侣争执不休。我们可以平心静气地与对方讨论问题，但应尽量避免过度的情绪宣泄。只有当我们保持冷静时，才能避免进一步激化矛盾。

不应强迫对方承认错误。如果对方能够意识到问题所在，自然最好；如果不能，我们也不应感到失望。若希望引导对方做出改变，则要在双方关系和谐时进行，因此，保持情绪稳定至关重要。

当我们的情绪极度波动时，往往也会导致对方的情绪不稳定，或者让对方感到精疲力竭，从而产生逃避的念头。这样会使双方关系进一步恶化。

😊 第三招：自我提升，不费力"讨好"

一些在恋爱中感到焦虑的人认为，只要自己付出得足够多，始终对恋人好，二人的关系就能维持下去。

这种观点可能有一定的道理，但它并不符合恋爱中的"吸引力法则"。仅靠付出以获得对方的关注，一方面容易使对方变得"骄纵"、不再珍视我们，导致关系的平衡被打破；另一方面，当我们意识到自己的付出没有得到相应的回报时，就会陷入更深的恐慌和焦虑。

因此，与其花费时间去取悦对方，不如努力提升自己，让自己变得更加出色、更具吸引力，让对方渴望靠近我们。

😊 第四招：以平和的心态面对，不要试图改变伴侣

有人渴望在亲密关系中扮演拯救者的角色，试图改变伴侣，一旦察觉到对方的不足，便试图按照自己的意愿塑造对方。

这种心态是极其错误的。

在一段关系中，我们追求的是彼此的成长与理解。常言道："江山易改，禀性难移。"改变他人绝非易事。尤其是当我们的伴侣表现出过度自我的特征时，强求改变不仅无法达到预期的目的，反而可能

导致双方关系的疏远。

我们应当专注于自我成长，保持真诚，以平和的心态面对伴侣。如果发现自己无法接受伴侣的某些缺点，无法适应伴侣的回避型依恋行为，或是无法忍受伴侣的冷热无常，那么可以选择结束这段关系。不要误以为无条件的"磨合"能够换来对方的感激。

我发现，无论是友情还是爱情，到最后我都会变得像戴了面具似的，和对方相处时越来越疲惫。

如果在这段关系中不能做自己，就要勇敢地抽离。一段好的关系是给人带来滋养的，而不是消耗。

🍵 **恋爱小贴士**

在恋爱中，只有先成为更好的自己，才能够吸引到恋人；以平和的心态对待恋人的情绪，彼此之间才能构建更稳固的关系。要学会共情与理解，既接纳自己，又包容他人，以乐观豁达的心态与恋人相处，一段感情才能走得更长远。

做自己的魔法师："召唤"健康

情绪和身体有着紧密的联系。有越来越多的研究表明，思想与情感的状态会对身体的健康产生影响。因此，我们可以巧妙运用"吸引力法则"，凭借信念"召唤"健康的体魄。

😊 积极的心态是吸引健康的磁石

"吸引力法则"的核心观念是"同类相吸"。在身体健康方面，我们对健康的认识与态度会直接或间接地作用于身体。

在运用"吸引力法则"改善身体健康状况的时候，首先要做的就是树立积极的健康信念。我们可以每天进行积极的心理暗示，例如，"我充满活力，我能抵御疾病"。这样有助于我们构建强大的信念，使身体更健康。科学研究表明，保持积极的心态能够有效提高免疫功能，减小压力对身体的负面作用。可以说，这种由内而外产生的积极影响对身体健康极为有益。

此外，"吸引力法则"还强调情绪管理给身体带来的影响。诸如压力、焦虑和抑郁之类的持续负面情绪会削弱身体的抵抗力，引发各类疾病。有不少方法都可用于健康管理，如冥想、瑜伽、呼吸练习等技巧。我们还需对生活怀有热爱与感恩之情，使内心保持和谐与宁静，获得更多的健康与幸福。

😊 "召唤"健康的"小妙招"

在荧幕上，我们经常目睹那些身患疾病的主人公凭借顽强的意志战胜病魔，重拾健康。实际上，无论是否患病，我们都可以尝试用以下方法塑造出强健的体魄。

1. 感恩与爱的力量

每天表达感激之情，用仁爱之心去关心自己和他人，就能获得更多的健康与幸福。

2. 经常笑一笑

笑能够释放体内的负面情绪与压力，对身体健康有益。观看喜剧电影、与幽默的人相处都能让我们开怀大笑。让笑声成为我们生活的一部分，让健康与快乐常伴左右。

3. 完美的念头与健康的身体

不要总是向他人抱怨自己的疾病，也不要总是提及身体的不适。应将注意力集中在健康上，想象自己拥有健康的体魄，这种积极的想法会带来良好的状态。同时，长期患病的人也应尽量避免将注意力集中在疾病上，以免病情加重。

4. 抛开年龄的限制

年龄只是一个数字，不应成为我们追求健康的障碍。无论处于哪个年龄段，健康、灵活的身体都是我们可以拥有的。要摒弃对年龄的刻板印象，坚信自己能够永远保持青春与活力。

5. 关注身体发出的信号

身体会通过各种方式表达自己的需求。我们要学会关注身体发出的信号。当身体出现不适时，应及时调整生活方式和心态。

6. 寻求解决方案

面对健康问题时，我们应当集中精力寻找解决方案，而不是纠结于问题本身；应将思想和精力投入到如何改善健康状况上，而不是沉溺于病痛之中。

7. 要相信大部分疾病都能自愈

要对身体的自愈能力保持信心。德国《生机》杂志在 2006 年曾发表文章称，只要经过适当的调养、治疗以及改善生活习惯，60%~70%的疾病都能自愈。

最近我总是觉得身体不得劲儿！

积极的心态对健康有好处，你可以尝试每天记录3件让你开心的事情。

健康小贴士

　　调身之始在于调心。积极的心态有助于塑造健康的身体。我们必须信任身体的自我修复能力，让心灵充满爱与感激，通过正面的思考来创造健康而美好的未来。所谓的"吸引力法则"不仅能促进身体的康复，还能增强心灵的力量，让生命散发出无尽的光芒。

第四章

学会释怀

生活中，很多事情的发展并不会如我们所愿。让花自由地长成花，让树自由地长成树，允许自己做自己，也允许别人做别人。学会释怀，一切都会朝着更好的方向发展。

从失败中脱身：学会"抽离"

在经历失败和挫折之后，我们是否渴望摆脱情绪的阴霾，重新发现自己的价值？是否期望掌握一些真正有效的方法，使自己在面对逆境时能更加坚韧、更加乐观？如果我们的回答是肯定的，那么我们已经迈出了通往成功的第一步。

😊 失败≠我是个失败的人

有些人认为，只有在成功时，自己才有价值。失败往往会使我们陷入悲伤和沮丧。如果频繁地被失败击倒，我们可能会越来越害怕尝试，畏首畏尾，仿佛一次失败就等同于整个人生的挫败。

那么，这种观念是如何产生的呢？在此，我们不得不探讨一个心理学概念——自我卷入。

那些自我卷入程度较大的人，会不自觉地将"失败"等同于"我是个失败者"。父母提及的"别人家的孩子"，以及老师在全班同学面前的点名批评，都让我们在潜意识中将"成功"与"价值"画上等号。因此，我们追求成功，并非源自内心的渴望，而是为了证明自己的价值，或者避免价值的丧失。当失败降临时，我们很自然地将自己视为失败者。

在面对失败时，不妨有意识地提醒自己："这只是某一次的不成功，并不代表我就是一个失败者。"这样，失败的打击或许就不那么沉重了。

😊 善用"抽离法"：走出失败的阴影

失败并不可怕，真正可怕的是失败所引发的负面情绪。想要在经历失败后调整好心态、再次出发，不妨尝试以下七步"抽离法"。

第一步，静心，重拾当时的情绪。

选择一个安静的场所，坐在椅子上，闭上眼睛回想导致负面情绪的那次挫折或失败。此时，允许自己体验那些消极情绪。

第二步，抽离，寻回"情绪的我"。

离开椅子，站到离它一米远的地方。然后注视着刚才坐过的椅子，想象另一个自己坐在那里，这个"情绪的我"代表我们潜意识中控制情绪的部分。

第三步，与"情绪的我"对话。

开始与坐在椅子上的"情绪的我"进行交流。告诉它："我来负责思考，你来负责情绪。只有当你完全接受情绪时，我才能想出更佳的解决方案。"

第四步，后退，释放过往的情绪。

随后，我们会注意到"情绪的我"点头或微笑，这表示它同意接受情绪。此时，我们向后退一步，会发现负面情绪并未随我们移动，而是停在了原地。

第五步，想象，启动分解情绪的机制。

想象身旁有一个看不见的开关，伸手按下它，负面情绪便化为灰尘，向"情绪的我"飘去。当所有灰尘都飘过去后，再自问：内心的情绪是否还存在？如果它已经完全消散，我们会感到心中轻松许多，这次的情绪处理便可以结束了。

第六步，保留，汲取有益的启发。

如果心中仍有不快，我们可以回想导致负面情绪的那次挫折或失败，思考其是否含有对自己有益的启发，其是否有助于个人成长。如果存在，想象着感受其重量与温度，然后将这些价值珍藏于心。

第七步，确认，将负面情绪转化为动力。

再次审视那些引发负面情绪的事件，判断它们是否仍对自己有益。如果有，重复第六步，将价值铭记于心；如果没有，就启动分解情绪的机制，让剩余的情绪也飘向"情绪的我"。

可是，失败的次数多了，总觉得自己什么都做不好。

只要你还在好好生活，就没有什么真正的失败。

快乐小贴士

风雨让生命的篇章更加绚烂多彩。在遭遇失败时，我们应迅速冷静下来，而不是被自我否定的情绪所淹没。要学会从负面情绪中抽身而出，走出失败的阴影，重新整理行囊，再次启程，这样我们才能抵达人生的下一个目的地。

轻装上阵，甩掉心理包袱

生活中，我们总会不可避免地碰上一些使我们心情变得沉重的事，如工作中的难题、家庭里的矛盾、人际关系中的冲突等。这些事会给我们造成巨大的心理压力，使我们压抑、烦恼、焦虑。如果我们不及时释放自己的心理压力，就有可能引发更严重的问题，如身体不适、失眠、抑郁等。实际上，甩掉心理负担并不需要复杂的方法，只要默念"放下、接受、释放"三个词，就能有效地减轻压力，提升自身的幸福感。

😊 放下：不再纠结过去发生的事

放下，意味着舍弃那些不必要的、无法改变的或者已成为过去的事情。

很多时候，我们有心理包袱，正是因为自己对某些事太过执拗或者纠结。例如，我们会对自己的过往懊悔不已，对他人的评价耿耿于怀，对未来的结局忧心忡忡等。这些都是毫无意义的，它们只会使我们深陷于无尽的烦闷与苦恼之中。

因此，我们要学会放下这些令我们懊悔的事，莫让它们侵占我们的心灵空间。唯有放下过去，方能迎接未来；唯有放下他人，方能寻得自我；唯有放下结果，方能享受过程。

😊 接受：拥抱现实中发生的一切

接受是指接受自己、接受现实以及接受变化。在许多情形下，我们有心理包袱，是因为对某些事不满或者不认同。

举例来说，我们有时会对自身的能力、外貌、性格等方面感到不满；对生活里的困难、挑战、不公平等感到不认同；对环境、人际关系、社会等发生的变化感到难以适应等。这些都是不可避免的，我们要学会接受这些事实，不要让它们对我们的心态和情绪产生负面影响。

😊 释放：不再压抑负面情绪

释放意味着释放自身的压力、情绪与想法。

很多时候，我们心理上的负担缘于将某些事压抑在心底。例如，工作、学习、家庭等方面的压力可能使我们紧张、焦虑、疲惫；生活中遭遇的不愉快或冲突会让我们生气、伤心、委屈；内心存在的某些想法或梦想会令我们迷茫、困惑、无助。这些都需要释放，否则，我们的心情会变得沉重、压抑。

所以，我们要学会释放压抑的情绪，别让它折磨我们的心灵与身体。只有纾解压力，才能使自己放松；只有释放情绪，才能让自己平衡；只有转变想法，才能让自己重拾信心。

我看你总是一副风轻云淡的样子。你就不怕做不好某事会被人笑话吗？

生活中没有那么多观众。越是瞻前顾后，越容易把事情搞砸。

☕ 遇事别往心里搁

倾诉既是对情感的宣泄，也是心理调节之法。如果苦闷的情绪长时间郁积于心中，就会变为沉重的精神包袱，甚至会对我们的健康产生影响。所以，当我们觉得压抑的时候，不妨把心事说给信任的朋友和亲人听。如果实在找不到人倾诉，那么将它们写在便签上或者日记本上也是不错的选择。

不完美？其实很美！

人生无法事事完美，若过分追求完美，往往会因无法达成目标而深陷痛苦的泥潭。唯有试着接受不完美，我们才有可能拥有幸福的人生。

世上没有绝对的完美

我们每个人自幼便被教导要追求卓越，期望拥有圆满的人生。"完美主义"犹如一把双刃剑，既可赋予我们前进的动力，也会给我们带来烦恼与痛苦。在人生的旅途中，一旦遇到不如意的事，我们就会感到极度烦躁，甚至会把已经完成大半的工作推翻重来，仅仅是为了追求那所谓的"完美"。

心理学家马斯洛曾这样评价人生的种种不完美："人是一种有持续需求的动物，除了极短的时间外，很少能达到完全满足的状态。人生本就充满遗憾，完美的人生在现实生活中并不存在。虽然人生不完美，但却能让人感到满意与快乐。"

实际上，世上并不存在绝对完美的事物。人的优点和缺点就像硬币的正反面，总是共存的。例如，事业有成的人往往难以抽出时间陪伴家人；能力出众者，未必天生才华横溢，他们往往付出了超乎常人的努力。

😊 接纳不完美，拥抱幸福生活

意识到自己和世界的不完美，并以积极乐观的态度面对生活，这样的人才能体会到人生的幸福。

首先，在日常生活中，我们很难做到事事完美无缺。所以，我们应当学会适度宽容自己，不因追求完美而受到困扰。然而，如果我们能从另一个角度审视问题，就会发现所谓的失败实际上是我们对自己抱有不切实际的期望。换言之，只要我们能清楚地意识到自己的局限，就能避免被完美主义束缚。

其次，我们要学会降低标准。当我们对某件事情投入过多的时间和精力时，很容易陷入"只有达到某个标准才能让自己满意"的思维误区。实际上，在一些不那么重要的事情上，我们可以适当降低标准，从而减轻自己的压力。比如，考试成绩不理想时，我们可以告诉自己："虽然这次没有考好，但已经比上次的成绩有了很大的提高。"这样，

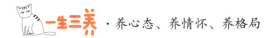

我们不仅能够缓解焦虑，还能增强自信。

最后，我们要学会倾听内心的声音。很多时候，我们的内心会告诉我们某个标准是否合理，只是我们常常忽视内心的声音，所以才会不断地对自己提出苛刻的要求。因此，要克服完美主义，我们需要面对现实，遵从自己内心的声音。

对一个人来说，不执着于完美，不消极对待缺憾，而是接受自己的不完美和平凡，这不仅是一种成熟的表现，也是迈向幸福生活的重要一步。

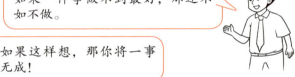

如果一件事做不到最好，那还不如不做。

如果这样想，那你将一事无成！

☕ **快乐小贴士**

　　若要完成某项任务，最有效的方法是立刻着手，并在执行过程中不断改进。如果总是试图制订一个完美的计划，然后才去实施，那么任务只会停滞在计划阶段而无法完成。毕竟，计划总是赶不上变化，永远不可能做到完美无缺。

从教训中成长，遇见更好的自己

在人生的旅途中，我们经常会在某个阶段迷失方向，陷入焦虑和迷茫。面对挫折和失败，我们会感到无力和失落。然而，成长和改变始终在继续，"遇见更好的自己"并非遥不可及的梦想。通过反思、自律和接纳，我们能够从经历中吸取教训、总结经验，逐渐变得更加成熟和坚韧。

反思

成长的第一步是进行反思。生活中的每一次挫折，都可以成为我们的成长导师。通过反思，我们得以重新审视自己，识别那些阻碍我们前进的因素。

面对工作压力导致的焦虑，我们不妨静下心来自问："为何我会产生这样的情绪？""是因为我对自己的期望过高，还是我对未来可能发生的事情感到过度恐惧？"

通过这种自我对话的方式，我们能够挖掘情绪背后的深层原因，并制定相应的改善策略。

反思不仅有助于我们发现存在的问题，更是一种与自我沟通的途径。通过反思，我们可以培养自我意识，清晰地了解自己的优势与不足。

只有接受自己的过去和现在，我们才能更好地规划未来，逐步成为理想的自己。

😊 自律

成长的第二步在于自律。自律是改变的根基，它是一种持久的、内在的力量。自律使我们在面对诱惑和困难时，依然能够坚定地朝着目标前行。

许多人在谈及成功人士时，都会赞扬他们的自律能力。自律并非一蹴而就，而是一种长期坚守的习惯。若想遇见更好的自己，就必须学会克制欲望，舍弃短期的享乐，去追逐长远的目标。

例如，许多人有减肥的意愿，却总是难以控制饮食。这并非因为他们缺乏减肥的能力，而是他们不够自律。每天早起、锻炼、健康饮食，这些看似简单的习惯，实际上对自我控制力的要求极高。当我们战胜了懒惰、拖延等不良习惯时，成功便不再遥不可及。

自律在精神层面的重要性同样不可忽视。例如，情绪管理也是一种自律的表现。在愤怒、嫉妒或恐惧等情绪的驱使下，我们常常会做出一些令自己懊悔的决策。管理情绪，保持冷静，将使我们在遭遇困境时更加理智、沉着。

自律能够使我们变得更加强大。它不仅是抵御外界诱惑的屏障，更是一种源自内心的强大力量。它能够帮助我们坚守初心，不懈奋斗，最终实现自我超越。

😊 接纳

接纳是成长过程中的最后一步，也是至关重要的一步。许多人对自己过于严苛，不允许自己犯下任何错误。然而，在这个世界上，又有谁能够做到完全不犯错呢？每个人在成长的道路上，都会遇到各种挫折和失败，而这些经历正是成长过程中不可或缺的宝贵财富。

接纳自己，并不意味着放弃成长，而是允许自己在成长的道路上犯错并从中吸取教训、总结经验。我们常常因为一次失败就否定自己，仅因一次失误便全然丧失信心。事实上，失败是成长过程中不可缺少的一部分。学会接受失败、接纳自身的不足，才能真正让我们放下包袱，轻松前行。

在成长的过程中，变化是必然的。有时，外界那些不可控的因素会使人生的道路变得崎岖不平，但这也恰恰是生活的本质。只有接纳生活中的不确定性，接受变化，我们才能在面对未知时保持平常的心态。

接纳自己也意味着接纳内心的阴暗面。每个人都有不为人知的负面情绪，学会承认这些情绪的存在，并与之和解，才能真正实现内心的平衡。当我们不再对这些情绪视而不见时，内心就会变得更加强大和坚韧。

从教训中总结经验，要赶快爬起来向前冲刺！

如果实在感到疲惫，也别忘了给自己休整的时间。在哪里跌倒，就在哪里睡一觉吧！

成长小贴士

　　成长的过程，就是自我修炼的过程。从今天起，我们给自己预留一些宝贵的时间，去进行深刻的反思。在每一次面对失败时，我们所吸取的教训，实际上都在进行自我提升。对于未来而言，这是一笔无价的财富。

养情怀

心怀热情，奔赴山海

真挚的情怀是灵魂的慰藉，既能驱散我们心头的阴霾，又能引领我们以从容的姿态面对人生的起伏。学会释怀，学会珍藏，让心灵得以宁静，让梦想触手可及。

第五章

富养内心 就是富养自己

丰富和滋养自己的内心世界，实际上就是在富养自己。通过阅读书籍，学习新知识，培养兴趣爱好，或者进行心灵的冥想和反思，我们能够不断地充实自己的精神生活，提升自我认知。

富养内心，成为更好的自己

有些人认为，拥有财富便能随心所欲地享受生活。然而，现实告诉我们，真正的自由与幸福并不在于拥有多少财富，而是在于拥有一颗健康且富足的心灵。即便财富堆积如山，若内心贫瘠，生活亦会如同一座空旷的豪宅，缺乏温暖与快乐。正如罗曼·罗兰所言："内心的快乐，是一个人过着健全、正常、和谐生活所感受到的喜悦。"

幸福的真谛，源于心灵的滋养。那些内心贫乏的人，最终会失去幸福和健康；而那些懂得滋养心灵的人，不仅能克服困难，还能拥有健康的身心。

有些人急于在社交媒体上展示生活的点点滴滴，却忽视了幸福实际上是一种内在的能力。它隐藏在日常生活的每一个细节里：一顿简单而温馨的家庭晚餐；一次大汗淋漓的运动所带来的放松，甚至是一个温暖的微笑。

😊 活成别人羡慕的样子

健康的身体是承载一切梦想的基础，如果身体垮了，所有努力都会成为空中楼阁。现在就是你生命中最好的年纪，别因为忙碌的生活而忽略健康。哲学家叔本华曾说："人类所能犯的最大的错误，就是拿健康去换取其他身外之物。"如果我们能善待自己的身体和心灵，其他的一切错误，都有被修正的可能。

所以，从今天起，请善待你的身体，用行动来保护这份属于自己的珍贵财富。

健康饮食：饮食不只是填饱肚子，更是维系健康的重要手段。少吃高糖、高盐、高脂肪的食品，多吃水果、蔬菜和富含优质蛋白质的食物。当饮食变得清淡且均衡时，你会发现自己的身体更轻松、精力更充沛了。

运动习惯：找到适合自己的运动方式，比如晨跑、瑜伽、游泳，甚至是一场徒步旅行。坚持运动，每一次流汗，都会令你焕然一新。

优质睡眠：规律作息是健康的基础，每天保持7~8小时的优质睡眠，让身体和大脑得到充分的休息。熬夜追剧或打游戏固然一时爽，但长期如此，付出的代价往往难以预料。

唯有健康的身体，才能支撑我们去追求梦想，让我们更好地享受生活。

☺ 日子很淡，我很"自我"

苏轼的一生充满了波折与起伏。他曾身居高位，却因被贬谪黄州，过着俭朴的生活。在黄州的那段时期，他收入微薄，生活艰难，甚至不得不亲自耕作以维持生计。对于一个文人而言，下田耕作或许会被看作一种有失身份的行为，但苏轼却欣然接受。他将自己耕作的土地命名为"东坡"，每天穿着布衣，像陶渊明一样，过着"晨兴理荒秽，带月荷锄归"的田园生活。

有一次，苏轼出游归来，突然天降大雨。路人纷纷寻找地方避雨，而苏轼却悠然自得地在雨中漫步，并即兴吟诵出流传千古的佳句："竹杖芒鞋轻胜马，谁怕？一蓑烟雨任平生。"

这份从容与洒脱，正是源自苏轼对生活的豁达态度。他不被外界的荣辱所束缚，而是以自己的方式面对生活的困难与挫折，活出了真我。

正如杨绛先生所言："人生最曼妙的风景，是内心的淡定与从容。"的确，真正的幸福不在于拥有显赫的名声和地位，而在于拥有一颗平静而从容的心。

和他人作比较是很常见的事，但这并不利于自我发展。

对呀，每个人都是独一无二的，重要的是找到自己的价值。

富养自己就看这几招

富养内心，是一种超越物质追求的生活智慧。精神的富足，让我们在任何境遇中都能找到生活的诗意。在这里给大家分享一些内外兼修的智慧：具备独立思考能力；遇事保持理智，不被情绪左右；承担自己的义务，不推卸责任；能与他人建立良好的沟通和关系；持续学习。

阅读，让灵魂更富有

阅读既是对知识的汲取，也是一场心灵之旅。它在寂静中打开未知的大门，让思想在书页中自由飞翔。每本书都是一个独特的世界，每次阅读都是和这个世界的深度对话。它让我们摆脱平庸，追逐内心的丰盈，给灵魂插上翅膀。

😊 阅读是"心灵良药"

书籍宛如一剂温和的"心灵良药"，在无声中抚慰我们的灵魂。加缪曾言："只要我持续阅读，我就能持续理解自己的痛苦，持续与无知、狭隘、偏见、阴暗做斗争。"阅读教会我们如何从痛苦中汲取力量。

小林，曾因创业失败而深陷自我怀疑的泥潭。后来，她开始阅读《自卑与超越》，阿德勒关于如何战胜挫折的见解让她受益良多。她逐渐学会运用书中的策略调整心态，接受自己的不完美，并重新点燃对生活的激情。现在的她每天都充满活力，能乐观地面对一切。

阅读的价值远不止于此。它还是成本最低的自我提升途径。每次我们投入时间阅读，实际上都是在为未来的自己积累宝贵财富。书籍中的智慧，虽然当下可能看似平常，但在将来的某个时刻，它将化作解决生活难题的钥匙。

阅读改变人生宽度

有句话说得好："阅读者能体验千种人生，而不阅读者仅能体验一次。"确实，书籍让我们有机会与众多灵魂交流，透过文字去感受他人的情感世界，同时也能帮助我们更深入地了解自己。

有一位单亲妈妈，她因沉重的生活压力常常情绪低落。一次偶然，她读到了《简·爱》中的一句话："我虽贫穷、卑微、不美丽，但当我们的灵魂穿越坟墓，站在上帝面前时，我们都是平等的。"这让她感动得泪流满面。从那以后，她不再因自己的境遇而自卑，而是勇敢地面对生活。最终，她重新找到了幸福。

阅读或许无法延长生命，但它绝对能够拓宽生命的宽度。通过阅读，我们得以窥见更广阔的世界，发现更多的可能性。在这个碎片化的时代，静下心来阅读一本好书，不仅是对知识的积累，更是对自我的珍爱。

😊 在阅读中遇见更好的自己

"书籍是全世界的营养品。"书籍可能是一朵小花的绽放，也可能是一首诗中的意境，能让我们的生活变得更加丰富多彩。

通过书籍中所蕴含的丰富知识和深邃智慧，我们可以不断地进行自我提升，拓宽视野，丰富内心世界，从而在精神和思想上达到一个新的高度。在我们深入阅读的过程中，有机会遇见一个更加优秀的自己。

最近总感觉思维困在一个框里，看问题越来越片面了……

多看书，书是最好的老师。

给你的阅读处方

　　阅读也是一种治愈，它能在我们受挫时给予我们力量和勇气。如果我们每天在阅读上花一些时间，慢慢地，我们会在认知、性格等方面有很大的提升。制订有效的阅读计划是能够持续阅读的重要保障。首先，应设定明确的阅读目标，如每周阅读一本书、每天阅读一小时等。其次，合理规划阅读时间，如可以利用早晨起床后、午休时、晚上睡觉前等碎片时间进行阅读。

贵族精神与优雅气质

当我们提起"贵族"这个词，很多人眼前浮现的是烛光摇曳中身着锦缎华服的身影，或是水晶杯盏折射出的奢靡光晕。但贵族的真正意义是其在精神和高尚行为上的拥有，可以说，贵族精神跟物质条件，有的时候没有什么关系。贵族精神的高贵之处，在于能干净地活着，优雅地活着，有尊严地活着。

贵族精神与优雅气质，本质是内在与外在的双向奔赴。拥有贵族精神的人，内心是丰盈的，他们会由内而外散发出抚慰人心的优雅气质。他们的灵魂如同被月光浸润的花园，内心生长着对美的感知与对真理的追求。他们以谦逊之心待人接物，举手投足间透露出历经岁月沉淀的优雅，这种气质如同陈年葡萄酒的芬芳，在时光流转中愈发醇厚悠长。

😊 德行高贵才是真贵族

真正的贵族，心态上是强者，他们从不以财富和地位衡量他人的价值。一个精神富足的人，能够平视世间的一切，无论对方的背景如何，都能对其真诚相待。

强者身上没有嫉妒心。嫉妒往往是自卑的表现，而贵族精神正是以自信战胜这种心理。这样的人不会在意你穿什么品牌的衣服、开什么车，也不会关注你的收入有多少。他们更在意的是你的精神品质——

对生活的热爱、对他人的尊重，以及对责任的担当。

电影《放牛班的春天》中，贫困教师克莱门特展现了这种贵族精神。他无私地帮助一群问题学生，用音乐点亮他们的生活，既不因自己的身份而自卑，也不因学生的叛逆而放弃对他们的引导。克莱门特的宽容与坚韧，是精神贵族的典范。

😊 优雅气质，贵族精神的诗意表达

具备贵族精神的人，其意志独立且自由，行事遵循自己的原则和节奏，不受流言蜚语的困扰，也不为权力和金钱所动，追求心灵的充实与自由表达。他们自尊自爱，内心平和而从容。

奥黛丽·赫本是许多人眼中优雅的化身，无论是年轻时在银幕上的风采，还是晚年致力公益事业时的低调与真实，她始终以一种平和的姿态面对世界。赫本的优雅并非源于昂贵的服饰或精致的珠宝，而

是源自心灵深处的纯真和精神世界的充实。

 优雅气质的三重境界

优雅气质，首推沉静内敛。不急不躁，从容不迫，是内心平和的体现，亦是对周遭环境的尊重。

继而为学识广博。优雅非天生，而是日积月累，由内而外散发。阅读典籍、探索未知、思考哲理，皆是滋养灵魂的途径。

终境乃慈悲为怀。优雅之人，心怀大爱，以温柔的目光看待世间万物。他们懂得倾听，善于理解，以包容化解矛盾，以善良点亮人心。

这三重境界，层层递进，共同构筑了优雅气质的深厚底蕴。

说真的，我觉得优雅是心里那份不管什么事儿都能沉得住气的劲儿。

对呀，咱们都得学着让内心强大起来，不为外面的风浪所动摇，活出自己的风采。

贵族精神和优雅气质养成术

优雅是一种无声的力量，贵族精神更是一种深层次的修养。培养贵族精神和优雅气质并非遥不可及，给大家分享一些由内到外提升自我的小妙招：每天花一些时间练习冥想或深呼吸，找到内心的安宁；得体表达，语言和倾听的态度应展现对他人的尊重和理解；面对压力和挫折时，保持冷静，从容寻找解决之道；学习新知识和技能，培养独立思考能力，不盲从。

和自己相处也是"充电"

我们常常会忽略与自己的对话。其实，最能理解并宽容我们的人，正是我们自己。与自己相处，不是因为孤单或逃避，而是一个充电的过程。在这个过程中，我们能找到内心的平衡，汲取力量，变得更加完美和强大。

😊 听从本心，不问东西

与自己的关系，是贯穿一生的对话。它以爱和尊重为纽带，将内心的"我"与生活中的"我"紧密相连。

当你感到疲惫和失意时，无须沮丧，因为每一个低谷都是通往高峰的必经之路。做一下深呼吸，让心灵得到片刻的放松。你不会孤单，总有温暖在转角处等待。

😊 独处，为灵魂充电的最佳时刻

独处并不是孤独，而是与内心对话的契机，是为灵魂"充电"的最佳时刻。正如作家周国平所言："独处是一个灵魂成长的必要空间。"在独处中，我们得以从外界的喧嚣中抽离，静心感受自己的情绪、思考自己的需求。

在工作中总会遇到一些困难，觉得自己怎么做都不对，压力大到让人无法专注。这时请关掉手机，给自己一个安静的下午。在这段与自己相处的时间里，我们会渐渐冷静下来，重拾信心，勇于面对问题。

😊 唯有悦己，才可成己

珍爱自己，是与自身建立和谐关系的基石，这包括对优点和缺点的全面接纳。

曾经小彤感到在人群中缺乏自信，但后来她开始练习瑜伽，并逐渐学会了以宽容的心态接受自己的不完美。当她开始接纳自己时，她的心态变得更加开放，言谈举止也更加大方得体，这使得她身边的朋友更加欣赏她。

珍爱自己，并非为了迎合外界，而是为了让自己感受到幸福。当我们学会自爱，我们便能更加轻松地去爱他人。

😊 每个人都是自己的船

　　和自己相处是人生的必修课。无论外貌、性格，还是能力，都应学会自我接纳。只有接纳自己，才能真正与自己和解。找到自己喜欢的事物并坚持下去。兴趣爱好不仅能为生活增添色彩，也能在消沉时为你补充能量。取悦自己，比取悦他人更重要。有句话说得好："你和自己的关系，就是你和世界的关系。"你若能与自己和平相处，就能更容易与他人建立和谐的关系。

　　和自己相处，不是逃避，而是成长；不是孤独，而是"充电"。愿你我都能在独处中丰富自己的内心，成就一个更从容、更幸福的自己。

想要持续做好一件事情应该怎么办？

那就在忙碌之余多给自己"充电"。

越爱自己，能量越足

　　与自己相处得好，才能更好地面对世界。学会与自己相处，可以尝试以下小妙招：每天留给自己一点独处时间，记录内心的感受。这种方法能帮助我们更清晰地了解内心的情绪和想法，有效化解焦虑，并逐渐与自己和解；问问自己真正想要什么，即面对困惑时，倾听自己内心的答案，而不是一味寻求外界的帮助。

第六章

慢下来，享受当下的生活

送完孩子上学要洗碗，然后再去上班，突然感到很累，
不想干了。要赶着做开会用的PPT，心情郁闷，不想动弹……
怎么办？把自己当一棵植物吧，枯萎两天，低头看看脚下的
土地，慢慢成长，一旦汲取足够的养分，你将再次焕发容光。

放缓节奏，看看沿途的风景

　　渴望与朋友相聚，却总是以找时间为借口；希望回老家探望父母，却总是认为只能等到放假。我们脚步匆匆，只顾着追逐远方，却未曾察觉，在那逐渐转暖的蔚蓝天空下，迎春花已绽放出金黄的花朵，枝蔓上也爬满了翠绿。人生是一片由梦想引领的辽阔旷野，偶尔我们也应放慢脚步，欣赏花朵的绽放，聆听暖风的低语。生活并不在别处，而是要珍惜眼前，从容不迫地前行。

😊 张而有弛，让生活有节奏

清晨一睁开眼，眼前便会出现一张"待办清单"。我们按照清单，开始了一天的生活，忙忙碌碌。有时，生怕效率低下、进度缓慢。无论是学习还是工作，心中的秒表不断嘀嗒作响，即使夜晚躺在床上，仍感觉有未完成的任务。任务紧张而繁重，容易让人心里感到恐慌，长期如此，身心将无暇喘息，最终必然导致疲惫与崩溃。

为生活适时地加上标点符号吧，适当减少忙碌和应激的状态，放慢节奏，让心灵得以呼吸。毕竟，即便是激昂的乐章，也需要舒缓低沉的过渡。停下脚步，欣赏枯草下的新绿，静下心来品味一下咖啡的香醇，与爱人一同静观一部电影，与家人无拘无束地聊天儿……在这些短暂的悠闲时间，体验生活中的惬意与美好。

"莫听穿林打叶声，何妨吟啸且徐行。"从容不迫地生活远胜于策马疾驰的追逐。善于生活的人才能成为生活的主宰，因为善于生活的人，深知生活不在遥远的彼岸，而就在我们身边。没有急躁的必要，因此能泰然自若，不慌不忙，明白当下即是最佳时刻。人生徐徐展开，答案自会揭晓。

☺ 驰而不息，让努力有动力

有人认为，人最终都会归于尘土，何必费力经营事业？差不多就行了。还有人觉得，无论做什么都无法改变现状，于是便漫不经心地刷手机、追剧，得过且过。这两种态度，都是不可取的。

真正地放慢脚步，意味着持续不懈；享受生活，也并不意味着停止奋斗，而是为了卸下疲惫，修身养性，回顾过去的付出，明确未来的方向，审视脚下的道路，然后坚定地继续前行。松弛是为了更专注地投入，更快地达到目标；努力拼搏的意义之一，就在于让生活更加自由和充满乐趣。

"手握人间烟火，心存诗意远方。"我们无须争分夺秒，只需做到劳逸结合，为了理想不懈努力；同时也要学会放松，享受心灵的愉悦，整理情绪和生活，找到前进的动力和方向。

对于热爱的事物，全力以赴地去争取，全心全意地投入当下的生活。不妥协，不放弃，但也不苛求自己，因为幸福不是赛跑，而是体验人生的深度和生活的温暖。

慢下来，静下心来，自会有力量。道路漫长，每一段旅程都有其独特的阳光和风景。

看你这么忙，却还有时间旅行。你的生活过得真的有滋有味。

休息是为了更好地出发嘛，生活紧张匆忙，会很累的。

让每天变有趣的小方法

　　无论是云卷云舒的宁静，还是风声鸟鸣的自然乐章，都充满了诗意。不妨放慢脚步，发发呆，睡个懒觉，让身心得到愉悦。饮上一杯清酒，感受那微醺的惬意；拥抱着心爱的人，感受那份温暖与甜蜜；偶尔蹦蹦跳跳，释放内心的活力；甚至可以随意地发出几声呜呜嗷嗷，释放自己的情感……这些简单而纯粹的快乐，是否让你的嘴角微微上扬，露出了笑容呢？

不畏将来，不念过往

闽南方言说："人生海海。"我们是海里的孤舟，已经远离了海岸，无论是成功辉煌、失败沮丧，还是平凡的日常，都已成为历史；而未来是晴空万里还是波涛汹涌，难以预知。我们所能做的，就是勇敢地面对未来，不沉溺于过去。潇洒地活在当下，生活将是一片明媚。

😊 不畏将来，是对当下的笃定

许多人面对任务时，一旦察觉到挑战便心生畏惧。然而，若能冷静思考，便会意识到，将难题分解，便能找到解决问题的方法，随后，

充分利用所有可利用的优势，脚踏实地地执行即可。即便遭遇暂时的困难和挫折，对梦想的执着追求也会坚定我们的信念，相信这些挫折不过是自我磨炼的过程。

不畏将来并非意味着对未来毫无忧虑，而是说即便忧虑也能坚定前行，坦然面对挑战。犹豫和动摇只会让人停滞不前，浪费宝贵的时间。焦虑和迷茫的对立面是行动，要着手去做具体的事情。《精卫填海》的故事告诉我们，即使力量微小，但只要行动，"日积月累，终能行千里之遥"。

不畏惧未来，行动则必能达成目标。要专注于手头的每一件小事，珍惜每一寸光阴，在平凡的日常中寻找内心的平静，同时在变幻莫测的世界中，保持自我，稳步前行。只有掌握手中的才是我们的力量，因此，让我们将注意力集中在当下。

古人云："绳锯木断，水滴石穿。"只要我们坚持不懈，何愁未来不能成功？只要我们一直努力，不放弃，还怕将来不能成功吗？能够泰然自若地面对各种困难，自然就能潇洒地"一蓑烟雨任平生"。

😊 不念过往，是对过去的释怀

成长的道路上，每个人都难免经历痛苦。唯有不沉溺于往昔的苦痛与错误，勇敢地走出泥潭，才能迈向新生。生活能够治愈的，往往是那些能够对过去释怀的人。

放下过去，并非意味着否定历史，也不代表宽恕伤害，而是摆脱那些束缚和枷锁。人生的旅途往往孤独而漫长，我们的心灵容量有限，若不卸下沉重的包袱，便无法空出双手拥抱未来更多的爱与希望。

与往事和解，对过去释怀，是在善待自己，能让自己从琐碎与垃圾的泥潭中解脱出来，让当下的生活变得简洁而明亮。我们只有将目光投向阳光，才能看到眼前的繁花似锦；只有将视野投向星空，才能见证星河的流转。

前方星光熠熠，我们又何必束缚于身后的泥泞与浑浊？继续前行吧，身后的阴影只是证明我们正面向阳光。

要开始新的项目了，不要因为之前的成功就掉以轻心，这是新挑战。

对，今后还会有新的困难，但是没什么好怕的，努力去做就好。

专注工作小方法

　　当我们发现自己在做事时总是无法集中注意力的时候，可能需要调整心态或改变一些习惯。这里提供一些建议，希望能帮助大家拓宽思路：调整休息时间，保持规律的睡眠，增加一些简单的体育锻炼。同时，我们可以尝试减少对碎片化信息的关注。如果工作压力过大，不妨在工作间隙进行冥想和深呼吸，以缓解紧张情绪。

小确幸：平凡日子的快乐魔法

平凡的日常生活总是充满了琐碎的细节，它们就像阳光下的微尘，渺小、细密且轻盈，也常常如同静谧湖面上的微波和浮光，熠熠生辉。这便是快乐的魔法，那些微小却确切的幸福瞬间，巧妙地揭示了细节中的爱与喜悦，它们纯粹而随意，却让人感到温暖而贴切。在这样的时刻，我们仿佛变成了蓬松的面包，内心深处的清泉也在欢快地冒着泡泡。

😊 最好的日常，一切如常

在日常生活中，我们或许会抱怨那些琐碎的烦恼，但同时也会庆幸自己衣食无忧；我们可能为孩子的学习感到焦虑，却又认为平安健康才是真正的幸福；我们烦恼于父母的唠叨，却又希望他们健康长寿。我们的收入不多不少，生活有时懒散，有时又需要随时待命。四季更迭，寒暑交替，日出而作，日落而息。生活中每天都在发生变化，而最好的日常，就是一切如常。

苏轼说："此心安处是吾乡。"平凡的日常，洋溢着人间烟火的气息与温暖，让人的心情如同蓬松的面包般愉悦。在熙熙攘攘的市井长巷中，每个人都有自己的家门，每个家门都有其独特的四季三餐，交织出绵延不绝的温馨与喜悦，偶尔也伴随着生活的纷扰。人们每天

同时出发，走相同的路，做相似的工作，共同见证树枝上新芽逐渐转为深绿，遇见不同的人，体验各自的小成就。

这岁月静好，真实而自然地在我们身边上演，如涓涓细流般无声地滋养着我们的心灵。当你开始思考、探索时，就像触发了魔法键，内心的愉悦与满足感便油然而生。

😊 热爱生活，让浪漫满怀

我们有时会因为一件小事生气、郁闷一整天，然而一旦放下它，就会发现生活中的小确幸接踵而至。窗台上那盆多肉植物被晨光轻抚，月亮每晚都显得更加圆满，今天可以享受一顿美食，与朋友分享钟爱的电视剧，在公园的小径上偶遇一只守候在岸边捕鱼的橘猫……

梅子失业了，投递的简历杳无音信，她感到焦虑和急躁，生物钟被打乱，与父母的争执也多了起来。她感到很迷茫，看不到中年生活的希望。有一天，她在清晨醒来，看到阳光正好，三角梅开得热闹非凡，心情突然变得愉悦起来。她泪流满面，意识到自己觉醒了。她重新开始体育锻炼，恢复了阅读的习惯，脚踏实地地去做自己喜欢的各种小事，最终找到了满意的工作。

"人间存一角，聊放侧枝花。"只有热爱生活，才能让人心怀希望，怀抱浪漫，散发光芒。

放假了，假期你想干点儿什么？

我想好好待在家里，睡到自然醒，找时间和朋友吃喝玩乐！

幸福小贴士

　　在生活中，或是清晨的一杯咖啡，或是午后透过窗帘的阳光，又或是夜晚归家时，一盏为你而亮的灯……这些微不足道的事物，汇聚成温暖的河流，滋养着我们的心灵。学会停下脚步，感受这些小确幸，便是对生活最深的感悟。只要用心去体会，便能感受到生活的温度。

以慢为快，在沉淀中成长与蜕变

你是不是经常处于急躁的状态？当交通灯变为红色时，立刻感到心烦意乱；观看电视剧时，直接跳过片头曲；在学习过程中，担心查资料会耗费时间，便忽略了那些疑问。有时，我们渴望尽快完成任务，却往往因急躁而出现了大大小小的失误。事实上，放慢脚步也是一种快速前进的方式。在慢节奏中沉淀，我们便拥有了成长与蜕变的机会。

😊 沉住气，按照自己的节奏做事

人生最理想的状态，并非废寝忘食，而是自在与从容地按照自己的节奏去做事。"事缓则圆，人缓则安。"我们应当慢慢思索解决之道，静心前行，逐步推进工作。只需保持冷静，放宽心态，扎实地完成基础事务。不必羡慕他人的速度，也不要盲目追求他人的高度，因为我们拥有自己的步伐。

有个女孩学习钢琴，进展缓慢。家长从不催促，总是鼓励她坚持，只要有所进步即可。她总是准时上课，不畏风雪。其他孩子虽早早地考取了高级证书，却突然宣布放弃，而这个女孩仍旧坚持弹奏，那些曾经难以驾驭的曲子现在也能轻松演绎了。

事实证明，"暂时落后"并非关键——只要按照自己的步伐，积

蓄力量，磨炼技艺，就能逐渐变得强大。就像农民种植小麦，需要播种、耕耘及漫长的等待。因为他们从未放弃，最终迎来了丰硕的果实。

😊 慢慢来，一步一步向前

我们常常不自觉地加入"快文化"的行列，似乎忘记了，自然界的万事万物都有其客观规律。如月亮缓缓升起，孩子慢慢长大，春天悄然来临。

我们不曾回头，也未曾停留。然而，生活总是充满曲折，似乎有着既定的轨迹，仿佛注定要走弯路。但真的没关系，走弯路只是慢了一些，只要我们仍在路上，一步一步地前进就足够了。

有些人做事急于求成，当项目即将完成时，才发现由于原始数据有问题，一切必须推翻重来，最终导致进度延误，项目也被转交给他人。

因此，做事情不怕慢，就怕沉不下心来，急匆匆地上路。步子小一点也无妨，重要的是能够在路上。

"不积跬步，无以至千里"，不必过分担忧临时的拥堵，我们只需关注自己是否在最佳路线上，是否正朝着目标稳步前进，并最终安全地抵达。

你这段时间去参加培训，收获很多吧。

的确。我想提升一下自己的管理能力。

做事可以设定小目标

　　我们时常感到困扰，因为完成任务似乎总是充满挑战。或许，我们可以先设定一些易于达成、难度适中的小目标，逐步积累成就感。每天，根据事情的紧急程度和重要性，列出三四项关键任务，并逐一完成它们。每隔一段时间，根据自己取得的成果，给予自己适当的奖励。

第七章

逐光而行，做生活的主角

在人生的道路上，我们每个人都应该怀揣梦想，凭借坚强的意志和不懈的努力，去开拓属于自己的天地。梦想正如夜空中最亮的星，指引着我们前行的方向，我们也要成为自己命运的舵手，乘风破浪，勇往直前。

跟随内心：找到真正热爱的事

"找乐子"不是找到了真正热爱的事。真正热爱的事是一种强大的内在驱动力，会成就你的天赋，并让你从中获得满足感和成就感。找到自己的节奏，沿着自己的路走，怀揣着热情，奔赴山海，方能成就更好的自己。

😊 最好的生活，是奔走在自己热爱的事里

我们热爱的事并非一成不变，它是变化的，随着个人经历的丰富

而不断变化。就像我们小时候梦想成为科学家或宇航员，但长大后，我们可能渴望在某个领域发光发热，或者只是想完成一个重大项目，又或者我们爱上了美食、健身、旅游探索世界……人们常说，成功源于坚持，而坚持源于热爱。热爱是一种强大的内在动力，它让你的内心始终充满激情。尽管生活很累，但认真工作的人最美。因为当一个

人处于认真的状态时，他做事情时双眼发光，整个人都散发着光芒，成长也是突飞猛进的。

对于真正热爱的事，只要我们投入百分之百的热情去做，久而久之就会形成能力，而且会收获甘美的果实。正如那句很经典的话："你所热爱的东西，总有一天会反过来拥抱你。"

😊 寻找真正热爱的事，成就更好的自己

生活如诗，各自追梦，无须竞逐。生活是自己的，只有找到自己

的节奏，沿着自己的路走，沿途的风景才会一直美丽，未来的路也会一直向前延伸。就像人们说的那样，"没有人规定一朵花必须长成玫瑰或是向日葵"。因此，在寻找热爱的事的路上，我们要跟随自己的内心，去做自己真正喜欢的事情，并从中获得满足感和成就感，而不是被外界的期待和压力驱使。

每个人都有自己热爱的事，当你沉浸其中，仿佛有一道光照进生活，所有的一切都变得明媚可爱了。做自己热爱的事时，即使遇到了困难，我们也会甘之如饴，想办法去克服。

怎样才能找到真正热爱的事呢？

多参加各种活动和接触新事物，对某个领域或活动产生浓厚兴趣时，就要勇于尝试。

热爱的事的灵魂拷问

如果不要过程，直接给你结果，你还愿意做这样的事吗？验证的目的是让你看清自己做一件事时，到底看重的是这件事本身，还是这件事所带来的结果。

比如，你天天去健身房，如果现在给你一颗神药，吃下去后，就能直接达到你理想中的完美身材，条件就是你再也不可以健身了。你愿意吃下这颗神药吗？

愿意等于你喜欢的是美好身材，而不是运动本身，这不是真正的热爱。

不愿意等于你喜欢的是健身这件事，享受的是健身过程，这是真正的热爱。

迈出舒适区：勇敢逐梦的第一步

舒适区如同避风港，温暖而熟悉，让人舒适、安全、无压力。但过度贪恋舒适区，会让人失去动力，逐渐陷入一种被动的"温水煮青蛙"的状态。而跳出舒适区，既是破茧成蝶的蜕变，也是重拾自我、激发潜能去勇敢逐梦的第一步。

😊 舒适区是由习惯和经验构筑的小天地

舒适区就像一个温馨的避风港，为我们提供庇护，抵御外界的风雨。这种吸引力源于人类内心深处对安全和确定性的本能追求。处于这样的环境，我们在处理事务时能够游刃有余，心灵上也会感到轻松愉悦。因此，一切似乎都在既定的模式下进行，每一天都仿佛沿着既定的轨迹悠然前行。在这个由习惯和经验构筑的小天地中，我们体验到了前所未有的安全感。

😊 舒适区中的安稳只是一种错觉

"生于忧患，死于安乐。"人生就像逆水行舟，不进则退，因此，我们要时刻保持警惕。长时间停留在舒适区，机械式的学习和工作模式难以激发灵感，个人进步的引擎就会逐渐退化，进步的齿轮会因缺乏磨砺而生锈，创新的火花也会因缺少思维的碰撞而熄灭。身心变得慵懒，创造力逐渐衰退。这就像鸟儿被困于笼中，虽享受到安逸却失去了飞翔的能力；又如温室里的花朵，无法承受任何风雨的考验；更似温水中的青蛙，在逐渐升高的温度中失去了警觉，待到危险来临时，已无力逃脱。

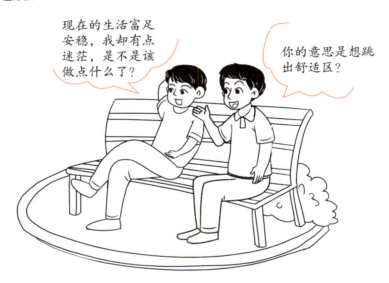

🙂 跳出舒适区，去逐梦未来

稻盛和夫说："宁可累在路上，也不能闲在家中，宁可去碰壁，也不能面壁，是狼你就练好牙，是羊你就要练好腿。"因此，想要追逐人生的梦想，必须跳出舒适区。

阿方在一家知名企业担任中层管理，薪水丰厚。然而，他一直对电商行业充满憧憬，梦想打造属于自己的品牌。

经过一番深思熟虑，阿方辞去了原本安稳的工作，全身心投入电商的创业中。他自学运营知识，四处奔波寻找货源、洽谈合作。即使资金短缺、客户流失等难题不断出现，他也坚持了下来。终于，在一场活动中，他用心经营的网店迎来了一大笔订单。阿方成功实现了转型，踏入电商的赛道，开启了逐梦的新篇章。

跳出舒适区后，虽然可能会遭遇刺骨的寒风，但也会看到满天繁星；虽然会面临重重困难，却也满载着希望。只要鼓起勇气，坚定地踏出那一步，就会发现，那些曾经我们认为遥不可及的美景，正悄然铺展在自己眼前。

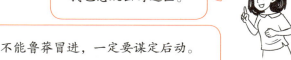

我也想跳出舒适区。

不能鲁莽冒进，一定要谋定后动。

☕ 谋定后动

当产生了改变现在的工作或事业的想法时，切记，一定要精准地定好方向，且一定要结合自己的兴趣、专长和时代的需求，为跨界、转型打牢基础。同时还需要恒心和毅力，不畏惧挫折，把失败当作成长的阶梯。总之，想要行稳致远，就一定要让自己获得足够多的助力。

别放弃，坚持一定有意义

坚持对于很多人来说，也许是一件很艰难的事情。但事实是，很多事情从来都不是看到希望了才去坚持，而是坚持做下去，才会看到希望。就如"放弃"二字有十五画，而"坚持"有十六画一样，坚持只比放弃多一画。只要勇于坚持不放弃，即使是在贫瘠的土地上也能培育出无数朵怒放的蔷薇。

😊 上天不会辜负每一个坚持的人

八月长安的长篇小说《最好的我们》中有一句话特别鼓舞人心："不是所有的坚持都有结果，但总有一些坚持，能从冰封的土地里，培育出十万朵怒放的蔷薇。"

一个人优秀与否，并不取决于他智商的高低，而在于他志向是否远大。资质平平的人，只要能将一件事做到极致，也能成为这个领域的佼佼者。相反，一个人即使天资聪颖，如果总是心猿意马、朝三暮四，那最终也只能是徒劳无功。原因在于，持之以恒的人心中有着坚定不移的目标；而那些容易放弃的人，心中充满了无数个不确定的目标。因此，一个人未能展现出优秀的一面，并不是能力不足，而是缺少了那份坚持不懈的精神。关于这一点，宋代的陆游有诗云："古人学问无遗力，少壮工夫老始成。"苏轼也说："古之立大事者，不惟有超世之才，亦必有坚忍不拔之志。"

这就如"放弃"和"坚持"只有一笔之差。但却是差以毫厘，失之千里！只有坚持不懈，才会取得成功！

😀 低头赶路，莫问前程

成功并非源自空洞的誓言，而是仰赖于脚踏实地、持之以恒的努力。对于一项任务，三天的热情不过是心血来潮；三个月的坚持，仅是初涉门槛；唯有三年如一日的坚守，方能称之为事业。入门需三年，精通要五年，称王则需十年。事实上，各行各业皆充满挑战，专注于一件事情十年，远胜于一年内涉猎十件事。万事开头难，人生的难关往往在于起步，而最为可贵的品质便是坚持。良好的开端固然重要，但长期的坚持才是成就精湛技艺的关键。"十年树木，百年树人"，许多事物的价值需要时间的积累和沉淀。

人的一生中，总会遇到很多困难。在困难前面，我们唯有咬牙坚持，才能获得源源不断的动力，才能够赢得最后的胜利。比如史铁生，面对命运的狂风骤雨，双腿虽失，却以笔为舟，扬帆文学之海；邰丽华，在寂静无声的世界里，凭借着惊人的毅力，用舞蹈勾勒出令人动容的美景，绽放出绚烂的生命之花。

只要选择了就要义无反顾地坚持吗？

不一定，在是非底线和利益面前也是要学会取舍的。

坚持和取舍

　　在人生的旅途中，正确的选择往往需要通过明智的取舍来实现。坚持正确的方法和底线，能够避免我们迷失方向，从而迈向成功。正如鲁迅先生放弃医学，转而从事文学创作，以唤醒沉睡国民的意识；诺基亚公司因不愿放弃塞班系统，错失了拥抱安卓系统的良机，最终被市场淘汰。坚持与取舍是相辅相成的，取舍为我们指明方向，而坚持则帮助我们实现目标，使每一次的选择都具有深远的意义。

心中有光，照亮"低谷期"

人的一生如同海上的波涛，时而平静，时而汹涌。扬帆时我们能够乘风破浪，勇往直前，享受成功的喜悦；而消沉时也不可轻言放弃，而是要奋力追寻那一抹照亮前路的光，相信黑暗之后必有黎明。在人生的每一个阶段，我们都应坚韧不拔、勇往直前。

😊 别怕，低谷期并不都是坏事

我们的人生，就好似一场跌宕起伏的旅程。有时我们站在山顶，俯瞰辽阔的世界；有时又不幸跌入了谷底，哀叹生活的不易。处在低谷期的你，可能赚不到钱，努力被全盘否定，自信心和自尊心会被他人随意践踏，所有付出被无情辜负，甚至连曾陪伴和温暖着你的亲人也抛弃了你……

其实，人生每一次的起伏，都是生活赋予我们的宝贵礼物。一旦你拥抱了这段如过山车般跌宕起伏的人生旅程，便会发现，接纳生命中的起伏变化，是通往成熟与成长的必经之路。高峰时刻教会我们珍惜与感恩，而低谷时期则铸就了我们的坚韧与勇气。每一次的波折都是对心灵的磨砺，让我们的内心变得愈发强大。唯有身处低谷，我们才能认清自我价值。因为在低谷期，一切都显露无遗，最为真实。

大家不得不认清一个让人痛苦的真相：那些深刻而宝贵的人生领悟，大多是在我们身处低谷、力量微弱时所获得的。这样的经历，能够彻底改变一个人的命运轨迹、视野格局，甚至是性格特征。请记住，只要乾坤未定，你我皆是黑马。

只要心中有光，何惧人生荒凉

杨绛先生说："每个人都会有一段异常艰难的时光，生活的压力，工作的失意，学业的压力，爱的惶惶不可终日，挺过来的，人生就会豁然开朗，挺不过来的，时间也会教你，怎么与它们握手言和，所以不必害怕的。"熬过那段艰难时光，你会猛然间感受到一种奇妙的释然，背负的重压与不幸仿佛如同春日下的冰山，悄然间已自我消融。正如一夜春风吹过，万树梨花竞相开放，一切都变得焕然一新。

无论身处何种境地，我们的心中一定要有光。因为心中的光，恰似黑夜中璀璨的星辰，以它为引，可破层层迷雾，照亮我们漫漫的前行之路。拥有希望之光的人，总能在逆境中找到前行的力量，在绝望里获得新生。

因此，当你深陷焦虑与痛苦的泥沼，感觉即将崩溃之际，请铭记，这正是决定你命运的关键时刻。人生的转折点往往隐藏于此。能够从低谷中走出来的人，无疑是掌握自我能量场的佼佼者。困境往往反映出我们身心能量的失衡，跨越这道坎儿，你便是强者；退缩，则意味着软弱。待到日后回首，你会发现，那些你认为无法逾越的障碍，实则是推动你飞跃的绝佳契机。挺过这一关，你便是胜者。

优雅地应对人生中的波涛

生活不是一场逃避的游戏，而是要学会优雅地应对人生中的波涛。让我们在人生的海洋中，以坚韧和乐观为帆，驾着命运的小船，驶向更加美好的未来。毕淑敏说："在光芒万丈之前，我们都要欣然接受眼下的难堪和不易，接受一个人的孤独和偶然无助，认真做好眼前的每一件事，你想要的都会有。"因此，身处低谷期时，不要虚度光阴，坐以待毙。而是要打起精神，专心致志地做好眼前的每一件事，且一定要坚持下去，就算无人问津，技不如人，也千万别让烦躁和焦虑毁了你本就不多的热情和定力。

前路漫漫，当克己，当慎独。别贪心，我们不可能什么都有；也别灰心，我们不可能什么都没有。

处于人生的低谷期，如何克服烦躁和焦虑，专心做好眼前的事？

自律并且专注于目标。

低谷期唯有自渡

　　时间能渡的都是愿意自渡的人。很多时候，我们并不缺乏解决问题的方法、丰富的资料或是优秀的导师，真正缺少的是自律。你必须严格要求自己，远离不适合的圈子与人群，割舍不满意的情感，活出自我。养成早睡早起的习惯，坚持体育锻炼，静心学习，相信每一分努力都有其价值。唯有能够承受住无人问津的寂寞，才配拥有诗与远方。

Part ③

养格局

打开格局，广阔天地任你行

格局是人生的视野，它决定了我们观察和理解世界的角度与深度。当格局得以拓展，心灵也随之开阔，不再被琐碎之事困扰，从而避免了长期情绪郁结可能导致的健康问题。因此，养心之道，实则在于培养和提升个人的格局。

第八章

把心打开，心宽了，事就小了

有些人因为一些小事而忧心忡忡、耿耿于怀，既无法原谅他人，也无法宽恕自己。与其对周围的人和事抱有怨言，不如敞开心扉，放宽心态，这样，原本看似重大的问题也会变得微不足道。

心宽，路更宽

许多人将"格局"视为抽象而空泛的概念，实际上，对于我们来说，"格局"并非遥不可及，它主要反映在一个人的心胸是否宽广，是否能够以一种宽容的心态去面对这个纷繁复杂的世界，以及如何对待周围的人和事上。拥有大格局的人总是能够以友善和温和的态度去处理各种人际关系和事务。当我们努力开阔自己的心胸，那些曾经让我们感到烦恼和困扰的事物，似乎瞬间变得微不足道了，不再对我们的情绪和心态产生负面影响。

心一窄，人生螺旋向下

在当今社会，年轻人承受着来自四面八方的压力：经济、感情、职场、疾病年轻化……不论身处何地、社会地位如何，这些压力往往如影随形，让我们难以摆脱。在重压之下，一些人开始为琐碎或微不足道的事情感到烦恼和愤怒。

面对一些网络事件，一些网友带着恶意去释放压力，导致了网络暴力事件频频发生。实际上，这些所谓的"网络喷子"和"键盘侠"，在现实生活中并不总是恶人。他们可能只是因为生活中压力过大、缺乏自信、情绪抑郁，或者缺少机会展现自己的能力和价值，便毫无顾忌地将网络作为宣泄压力的出口。

可见，如果一个人完全被负面情绪掌控，他不仅会跟自己过不去，还会给别人造成困扰。他们在网上发布的攻击性言论，如果没有得到回应或支持，可能会加剧他们的不满和挫败感，导致其出现更加激烈的攻击行为。当"网络喷子"只是他们人生的一个缩影，其实他们的人生也正像螺旋下降的楼梯一样，在日益往下走。

😊 心胸宽广，能带来奇妙变化

在现代社会，人们的生活条件得以不断改善，受教育的程度得到了普遍提高，但是人们的精神压力似乎并未随之减轻。有些人因为一些小事而想不开，出现了"精神内耗"。"精神内耗"并不会对我们的处境产生任何积极影响。而保持一颗豁达的心，开阔个人的视野，往往能给我们带来意想不到的转变。想象一下，将一粒芝麻置于盘中，它显得格外引人注目；然而，当它被放入一个大箩筐时，渺小得几乎看不到了。

放宽心态的好处是显而易见的。它不仅能帮助我们摆脱无谓的内耗，恢复身心的平衡，还能让我们在职业发展的道路上越走越顺。那些在工作中遭遇挫折却依然保持积极态度的人，往往能在逆境中发现新的机遇，实现职业生涯的飞跃；那些在家庭遭遇变故时仍能保持乐观的人，往往能更快地走出阴霾，重建幸福的家庭……

一个人的格局并非与生俱来，年轻人不可能天生就拥有淡泊一切的胸怀。因此，在日常生活中，我们应当注重自我提升，努力说服自己在面对问题时保持一颗宽容的心，不要纠结于琐事。可以不断地对自己进行积极的心理暗示：敞开心扉，问题就显得小了；放宽心胸，道路就变得宽广了；放远目光，梦想也就更加宏大了。持续的精神自我激励，能让我们在面对问题时变得豁达和淡然，从而发现前方越来越宽广的道路。

生活中有那么多让人生气的事，我怎么能保持平和的心态呢？

与其让小事影响自己，不如放宽心态，无视它们。

海格立斯效应

　　心理学中的"海格立斯效应"描述了一个源自希腊神话的有趣现象：大力士海格立斯在途中遇到了一个奇特的袋子，出于好奇他踩了上去，结果袋子随着他的踩踏而膨胀，最终阻塞了道路。这个"海格立斯效应"向我们揭示了一个深刻的道理：持续的仇恨只会让烦恼不断累积，永无止境。唯有心胸宽广，学会忽略仇恨，我们才能真正让烦恼消散。

踏实做人，闷声做大事

网络上流行的"996""牛马"等词，以及与之截然不同的"佛系""躺平"等表达，反映了年轻人内心的矛盾：他们渴望通过努力改善生活，但现实让他们感到越来越迷茫，怀疑是否还有改变命运的机会。然而，在大多数人感到迷茫之际，总有人默默努力，最终以惊人的成就震撼众人。

😊 是"卷输了"，还是"拖垮了"？

偶尔的赖床和工作间隙的放空，可以让身心得到短暂的休息，世界并不会因此而崩塌。然而，一旦这种行为演变成习惯，不再愿意努力奋斗，那么别人日复一日的坚持将转化为显著的能力和成就，而自己日复一日的安逸则会筑成难以突破的"舒适区"。随着时间的推移，两者之间的差距只会越来越大。

设想两位起点相同的年轻人，当甲沉迷于手机、沉溺于白日梦时，乙却在默默耕耘，学习新技能、考取证书、阅读书籍，甚至通过兼职积累资金。当甲突然醒悟，想要开始改变时，却发现乙已经迅速升职、加入顶尖公司、身价倍增，甚至创业成功……显然，甲并非在竞争中失败，而是被自己的拖延症拖累；而乙之所以成功，并非他在刻意竞争，他只是在不断积累，专注于自己的目标而已。

可见，真正的竞争往往不是与他人的较量，而是与自我惰性的斗争。每个人内心深处都潜藏着对安逸的渴望，但唯有那些能够克服这种渴望、持续努力的人，才能在人生的赛道上保持领先。因此，当我们面对诱惑和挑战时，不妨问问自己：是继续沉沦于"舒适区"的温柔陷阱，还是勇敢地迈出脚步，去追求那个更加辉煌的未来？

🙂 内敛是一种气质

有格局的人，往往具备内敛的气质，他们不张扬、不炫耀，深知真正的力量源自内心的坚定。踏实做人，意味着在日常生活中保持谦逊、真诚与勤奋，不以一时的得失论英雄，而是着眼于长远的发展。

或许有人觉得，夙兴夜寐、全心投入的态度已经过时了，会阿谀奉承、偷奸耍滑、在"Boss"面前出头露脸，才能在人群里脱颖而出。但有格局的人，却能在浮躁的环境中保持清醒，不被外界的喧嚣干扰，只专注于自身能力的提升与价值的创造。

😊 厚积薄发，闷声做大事

"闷声"并非意味着自我封闭、停滞不前，而是在追求自己事业的过程中，选择了一种更为内敛和低调的态度。这意味着在实现目标的道路上，我们要避免过度张扬、夸夸其谈，而是选择将全部的精力与专注力投入目标的追求与实现中。

这种态度可以让我们更好地集中精力，避免被外界干扰，从而更有效地推进我们的事业。因此，"闷声"实际上是一种智慧，一种在复杂社会环境中保持专注和冷静的智慧。

就在几年前，中国汽车市场还是进口车、合资车的天下，国产车几乎没有竞争力，被视为技术落后的代名词，只能在中低端市场艰难竞争。然而，就在国外车企依靠品牌优势轻松赚钱的时候，国产汽车品牌在新能源汽车领域不断进行技术革新与创新，仿佛一夜之间，众多国产汽车品牌崛起，中国成为全球最大的汽车出口国。曾经的国际汽车巨头这才意识到一个令人震惊的事实，那就是他们已经不知不觉地变成了追赶者，而并非引领潮流的先锋。

国产汽车品牌的成功转型有力地说明了闷声做大事的重要性和价值。只要我们保持谦逊、务实的态度，专注于目标，持续学习与创新，把握机遇，勇于挑战，具备长远规划和战略眼光，就能取得更大的成功。

你总是闷声做大事，真是低调沉稳！

哪里，我只是"卷"不动了。

社会化内卷

"社会化内卷"是一个网络流行词语，它描述了一种现象：当社会资源有限时，随着越来越多的人争夺这些资源，每个人所能获得的份额就会越少，为了获得资源，付出的成本日益增加，导致生活压力不断增大。这种状况形成了一种恶性循环，人们不得不持续投入更多的努力，却只能换取更少的回报和更狭窄的容错空间，从而陷入困境。

让生活充满盼头

　　著名作家林语堂说过："梦想无论怎样模糊，总潜伏在我们心底，使我们的心境永远得不到宁静，直到这些梦想成为事实才止。像种子在地下一样，一定要萌芽滋长，伸出地面来，寻找阳光。"我们的生活亦是如此，即便是那些经常把"摆烂"挂在嘴边的人，内心深处也有自己的梦想。正是这些梦想，为我们的生活带来了盼头，成为我们坚持下去的动力。

😊 梦想和期盼

　　梦想与期盼看似相似，实则存在显著差异。梦想往往遥不可及，尽管它们常在心头萦绕，但我们不能过度沉溺。否则，不断期待梦想成真却屡遭失望，除了给自己带来无尽的挫败感外，似乎别无益处。

　　相比之下，期盼则更加贴近现实，它可以是简单而具体的，如快递的到达，下班后品尝新零食的愉悦；热播剧集即将揭晓结局，恋爱纪念日期待恋人带来的小惊喜；假日临近，思考为父母准备的礼物……这些微小的期盼，让生活变得丰富多彩。尽管在他人看来，我们的生活可能格外平凡，幸运的是，生活中并非处处是观众，我们只需扮演好自己的角色。

😊 盼头是人生的标点符号

没有盼头的人生，就像一段缺乏标点的文字，阅读起来既艰难又枯燥。那些微小的盼头，仿佛为平淡的生活添加了标点，使其不再单调和无聊。

生活的旅程既漫长又琐碎，正是这些类似标点符号的盼头，将每一天、每一月、每一年的时光编织在一起，为生命注入了色彩。

😊 别把盼头当尽头

然而，在追求梦想的旅途中，那些微小的盼头不过是路途中的临时补给站。当我们为了梦想而奋斗至精疲力竭时，这些盼头能给予我们短暂的安慰和继续前进的力量。例如，一个渴望成为画家的人，他的梦想可能是举办个人画展，而实现这一梦想可能需要长时间的技艺磨炼和作品积累。但在这一过程中，完成一幅令自己满意的作品，便成了他的一个盼头。

尽管盼头有时也可能逐渐演变成梦想，但它不同于梦想，更不是梦想的终点。我们需要在梦想与盼头之间找到一个平衡点。既不能因为梦想遥不可及而选择放弃，也不能沉溺于小小的盼头之中，从而失去了对未来的憧憬。无论是梦想还是盼头，它们都是我们生活中不可或缺的元素，二者共同绘制出我们多姿多彩的人生图景。

你每天都为这些小事欢呼雀跃，不怕忘记梦想吗？

这些小小的盼头只是生活的点缀，我时刻都在为梦想而努力。

摘苹果理论

　　我们的梦想就像苹果树树梢上那颗沐浴最多阳光和雨露、最大且最红的苹果，摘取它自然是最具挑战性的。而生活中的每一个微小而实际的盼头，恰似树梢下那些触手可及的苹果，只需轻轻一跃便能摘得。我们应致力摘取那颗最优质的苹果，同时也不应忽略那些只需一跃就能摘到的苹果。

获得快乐的秘诀

在当今社会，人们有时为了追求目标，会忽略内心的宁静与幸福。我们被各种欲望牵引着，心灵被琐事困扰着，因此会感到疲惫。然而，获得真正快乐的秘诀却出奇的简单：舍得、放下、算了。

舍得：理解取舍之道

"舍得"，意味着为了获得必须先有放弃。舍弃与获取，它们如同水与火、天与地、阴与阳一般，既相互对立又彼此依存。获取是一种能力，而舍弃则是一门艺术。在日常生活中，我们常常对失去感到恐惧，因此难以轻易地放手。然而，这种固执的坚持往往阻碍了我们的成长与幸福。"鱼和熊掌不可兼得。"这句至理名言深刻地揭示了"舍得"的核心意义。

在做出选择时，我们必须接受一个现实：任何决策都意味着某种程度上的放弃。以职业发展为例，为了追求长远的进步，我们可能需要牺牲短期的利益，以求得更高的成就。同样，在维护个人关系时，为了营造和谐的家庭氛围，我们或许需要放弃一些个人时间，以换取珍贵的共处时刻。只有真正理解了放弃的价值，我们才能更有效地获取。如果我们不能在舍弃和获取间做出选择，那么工作和生活就会变得混乱无序。

"舍得"不仅体现了智慧，更彰显了勇气。这种勇气，唯有通过不断的自我挑战和自我提升才能培养出来。

放下：解脱束缚之术

在日常生活中，我们会遇到各种烦恼和挫折，有时它们如同无形的大山压在我们心头，令我们难以呼吸。然而，若想追求快乐，我们必须学会轻松地卸下这些负担。许多烦恼的根源，往往在于无法获得和难以割舍。

英国诗人雪莱说："如果你过分珍视自己的羽毛，不让它受到丝毫损伤，那么你将失去双翼，永远无法在天空中翱翔。"如果我们不能正视过去，而是沉溺于失败、失落和错误之中，只会让自己陷入无尽的痛苦。因此，我们应当学会从失败中吸取教训，然后勇敢地转身，迎接新的挑战。

当然，"放下"并不意味着逃避责任或放弃理想，而是一种更为成熟和理性的思考方式。它要求我们既能承受压力，又能适时调整心态，以便重新启程。

😊 算了：淡然处世之法

在日常生活中，我们不可避免地会遇到误解、争执乃至背叛。若因为这些而使自己陷入愤怒和怨恨的旋涡，我们就会失去快乐。

"算了"的智慧，体现在宽容与理解之中。当朋友无意中说出伤害我们的话，当上级提出不合理的要求，当同事因竞争而与我们产生隔阂……如果我们能以平和的心态去面对，并给予彼此足够的空间，那些曾经困扰我们的问题可能就不再那么重要了。

此外，面对一些无法改变或超出我们能力范围的事情时，应坦然接受，这也是一种解决问题的方式。不必追求完美，只需尽己所能，这样才不会让自己承受不必要的压力。

然而，"算了"并不意味着消极怠工或随波逐流，而是在寻求改变时保持冷静和理智，避免因冲动行事而产生的不良后果。此外，它也提醒我们不要将精力浪费在毫无意义的争执上，而应将注意力集中在真正值得投入的事情上，这样可以减少内耗，增强幸福感。

"舍得""放下""算了"，这三者从不同角度引导我们以积极的心态面对生活，让我们懂得舍弃、放下执念、坦然面对生活中的不如意，从而减轻心灵的负担，收获快乐。

你不能一直执着于那个人，该舍弃的要舍弃，该放下的要放下。

算了，既然无法挽回，我也得开始新的生活了。

"断舍离"的智慧

　　断舍离，是精神世界的一次深度清扫。舍去多余物质，抛开繁杂念头，方能斩断执念与纷扰。它让心灵从物欲束缚中解脱，告别患得患失。在精简的空间里，我们更能聚焦内心真正的渴望，重拾内心的宁静，以澄澈之心感受生活的纯粹。轻装上阵，奔赴更具质感的人生，这便是其蕴含的非凡智慧。

第九章

松弛感，允许一切发生

松弛感，是一种心态上的放松与自在，不过度紧张和焦虑，而是保持一种从容不迫、随遇而安的心境。这种感觉使我们能够摆脱外界的束缚，按照自己的节奏和意愿去生活，享受当下的美好。

坦然接受生活的无常

有些人渴望过安稳的生活，然而生活总是无常，它如同一场永不停歇的舞蹈，总是不断地变换着节奏与步伐。计划赶不上变化，因此我们需要培养积极的心态，坦然接受生活的无常。

😊 痛苦与幸福总是结伴而来

曾有一位智者向三名学生提出这样一个问题："我们为何降临人世？"第一个学生答道："为了体验幸福。"智者听后，眉头紧锁，显得并不满意。第二个学生回答："为了忍受苦难。"智者依旧面露忧色，未见释然。直到第三个学生说："既为了体验幸福，也为了承受苦难。"智者这才颔首微笑，因为这个学生的回答触及了人生真谛。

的确，在人生的旅途中幸福与苦难总是如影随形。若我们以积极的心态去面对，便能在痛苦中寻得希望之光；反之，若被消极情绪束缚，便只能看到阴霾。实际上，许多不幸源于错误的认知。只有那些能够以积极的态度思考问题的人，才能对事物做出准确的判断，并且在追求幸福的道路上迈出坚实的步伐。

你发现了人生的真正价值。

既为了体验幸福，也为了承受苦难。

😊 不能被无常击倒

提及命运的变幻无常，人们往往容易联想到消极的方面。然而，对于我们而言，无常并非令人恐惧的灾难，而是成长的必修课程。在职场上，它教会我们更加灵活地应对突如其来的挑战；在人际交往中，它促使我们以更加宽容和宁静的心态去理解他人的决定。

当然，理论上的认知与实际操作之间还存在差距。有时，看似坚不可摧的东西可能在一夜之间彻底改变，例如面对突如其来的失业或感情的破裂，谁能真正泰然处之呢？在这样的时刻，感到迷茫和不安是人之常情。这些感受源于生活中不可预测的心理压力。

尽管我们无法控制外部环境，但我们可以调整自己的心态，以积极和乐观的态度去面对外界的不确定性。只要生命尚存，我们就有机会重建曾经拥有的一切。而"东山再起"的关键，就在于我们不能被无常击倒。

😊 把无常当作垫脚石

法国作家巴尔扎克说："苦难对于天才是一块垫脚石，对于能干的人是一笔财富，对于弱者是一个万丈深渊。"只要我们保持积极的心态，就能将暂时的逆境视为垫脚石，继续踏上通往成功的征途。

一个非凡之人，往往能够将平静无波的生活视为命运对自己的忽略。他们认为，唯有经历痛苦的磨砺，才能走向辉煌。因此，他们会主动走出"舒适区"，去探索未知，因为停滞不前等同于退步，而不断挑战自我才能获得成长的机遇。每当遭遇命运的波折，无论成败，他们都会花时间静心反思。最终，他们将自己从一粒沙砾磨砺成一颗璀璨的珍珠。

有句话说得好："所有命运赠予的礼物，其价值早已在暗中被标定。"既然命运无常，我们就欣然接受，并将由此产生的痛苦视为对我们的磨炼，从中吸取经验教训，以便在未来的道路上变得更加谨慎、成熟，在面对风险和挑战时更加从容不迫。终有一日，我们将迎来命运的丰厚馈赠。

这可能是我一生中遭受的最大打击了。

你可以被命运的无常打败，但千万不要被打倒。

接纳自己

　　真正的幸福是一个过程，而非一种静态的存在。美国心理学家卡尔·罗杰斯提出，只有当我们接受并认可自己，包括自己的不完美之处，我们才能逐渐认识到自身的价值。鉴于每个人的处境各异，我们无须将那些能力超群的人理想化，同样也不应过度自贬，因为自我憎恨并不能促进个人成长。

拥有说"不"的勇气

在当今社会，有些人因不懂得拒绝他人而尝试扮演并不适合自己的角色，即便自身难保，仍设法满足他人的各种要求，以致感到越来越累。因此，要敢于说"不"，给心灵减负。

☺ "不"说不出口，痛苦就会累积

有些人被公认为"老好人"，他们似乎总是难以拒绝他人的请求，即便这些请求已经超出了合理范围，他们仍旧勉强答应。这类人的心理不难揣摩。他们可能因为性格或过往经历，担心拒绝会招致他人的不满，或者认为无条件地帮助他人能够彰显自己的胸怀，从而赢得尊重。因此，即便心里并不愿意，甚至有难以启齿的苦衷，也会吞下"不"字。

他们可能因为难以拒绝朋友深夜发来的求助信息，而熬夜至凌晨两点，帮其做 PPT；或者在工作已经堆积如山的情况下，硬着头皮帮同事撰写方案。他们认为拒绝他人会显得自己缺乏教养、冷漠无情。然而，每一次勉强的答应，都在悄悄地消耗他们的时间、精力和心理资源。这难道不是在为他人而活，失去了自我吗？

有求必应，换不来尊重

初入职场的小 A，渴望获得同事们的认可与尊重。于是，她扮演起了"老好人"的角色，无论大事小事，总是有求必应，尽力满足每个人的需求。然而，仅仅半年时间，小 A 已经感到压力巨大，身心俱疲了。

"我很少拒绝同事的要求，总觉得他们会感激我的帮助。但是很快我就意识到，他们已经习惯了我随时待命的状态，把我的帮助看作理所当然，甚至开始把他们的工作推给我，完全忘记了我并没有义务这么做。"

"即使我再怎么忍耐，也有感到疲惫的时候。这时他们就会用各种方法，比如承诺好处或者表现出一副可怜的样子，结果我不得不又

一次忍气吞声。为什么他们总是找我帮忙，不能找其他人呢？"

小 A 对同事有求必应，希望以此来赢得认同和尊重，这并非个案。她之所以感到压力巨大，是因为忽视了人性中自私的一面。她的同事看到她是一个乐于助人、从不拒绝他人的人，不自觉地将她视为一个方便的"工具"。当这个"工具"某天决定不再无条件顺从时，可能还会遭到责备。所以，不懂得拒绝的生活，往往是一段充满苦涩的旅程。

 ## 拒绝需要勇气，也需要技巧

或许有人会提出疑问："如果我拒绝他人，是否意味着会错失一些机会？"确实，拒绝可能会失去某些机会，但这种做法是值得肯定的。掌握拒绝的艺术，并不是在关闭所有可能的路径，而是为了更精确地识别出真正重要的人和事。这与游戏中的策略相似：避免接受过多的支线任务，以免主线任务被无限期地拖延。

在面对某些请求时，我们可以通过自问三个问题来进行评估：首先，这件事对我来说真的重要吗？其次，我是否有足够的能力来完成它？最后，它是否与我的长期目标或价值观相符？如果其中的任何一个回答是"不"，那么就坚定地说"不"吧！

拒绝是一种需要综合考量的艺术。在拒绝时，我们既要顾及他人的感受，也要清晰地表达我们的难处，以便获得他人的理解，保持双方的良好关系。从长远来看，一个能够明确界限、坚持原则的人，不仅不会失去他人的尊重，反而更可能赢得信任和敬意。

拥有拒绝的勇气，实际上是在为生命中其他的可能性腾出空间，逐渐摆脱琐事的纠缠，将更多的精力投入追求真正重要且具有长远意义的目标上。每一次坚定而自信地说"不"，实际上都是在宣布：我是自己命运的主宰，我有能力塑造自己的未来！

如果我总是拒绝别人，会不会被认为是不近人情的人？

没人让你总是拒绝，而是要划定边界，对越界的要求一律说"不"！

自主性需求

在心理学领域，"自主性需求"这一概念指的是人们普遍渴望拥有一定程度的控制权，以便自主决定自己的行为和方向。当个体无法自由选择，而被迫接受外部的安排时，往往容易感到挫败甚至焦虑。唯有恰当地拒绝外界的干扰，剔除不必要的外部因素，个体才能重新掌握生活节奏和目标规划的主导权，从而获得满足感。

找对方法，成为一个厉害的人

在浏览网页或朋友圈时，我们常常会看到一些同龄人出类拔萃，取得了成就。与此同时，我们却可能正为日常琐事而烦恼不已。这种对比产生的心理落差，很容易导致自我怀疑。谁没有梦想过自己变得强大呢？谁不渴望在年轻时就实现财务自由，或是在某个领域脱颖而出呢？然而，现实往往给我们泼了冷水："清醒一点，别再做梦了！"

😊 看到多宽广的世界，就拥有多辽阔的未来

无论是职场规划还是人生哲学，只要谈及成长与进步，"格局"这个词总是不可避免地出现。似乎一旦打开"格局"，名誉与财富就会不期而至。然而，"格局"并非某种难以捉摸的玄学，也不是站在金字塔顶端的精英所掌握的秘密。它更多的是一种思维方式，是我们观察世界和解决问题的视角。我们能看见的世界有多宽广，我们的未来就有多辽阔。简言之，我们的认知水平决定了我们能走多远。

两位年轻人几乎同时进入公司，都被分配了看似平凡的小任务——剪辑宣传片。甲认为这项工作毫无意义，不愿意投入精力去做好它，渐渐地，这个"吃力不讨好"的任务便不再交给他了；而乙认为自己学历不足，便将这个任务视为新的学习机会，他主动承担了所有的剪辑工作，每天研究如何剪辑出更美、更生动的视频，最终成为剪辑高手。

三年后，甲仍在原岗位上，而乙已经成为公司的骨干，收入翻了一番。

美国著名企业家乔布斯说："你要相信，过去的点点滴滴，会在未来的某一天串联起来。"我们不应"眼高手低"，而应从每一件琐事中寻求提升，同时跳脱当前的局限，看得更远一些，从那些不起眼的细节中寻找改变命运的机遇。

用长板抵销短板

在这个竞争异常激烈的社会，稍微的迟疑和犹豫就可能让我们错失重要的机会。对于当代年轻人来说，他们内心深处的不安和焦虑感正在变得越来越严重。他们常常会觉得自己不够完美，身上存在着明显的不足，这使得他们对于表现自我感到恐惧。

然而，当我们开始专注于自己的优势，并且努力使自己在某一方面变得特别突出时，人们往往会因此而忽视我们的不足。实际上，我们并不需要将80%的精力用于弥补自己的短板，而是应该将这部分精力投入优势的培养上。通过这种方式，我们可以使自己成为某一领域的专家，而专业性同样能够帮助我们获得成功。

因此，年轻人应去发现并培养自己的特长，通过专注于自己的优势，更加有效地利用自己的时间和精力，最终在自己选择的领域取得显著的成就。

厉害不是天赋，而是一种坚持

一夜暴富、少年成名等事虽不鲜见，但与庞大的人口基数相比，则是凤毛麟角。大多数人必须依靠长期不懈的努力才能实现成功。

作为芸芸众生中的一员，我们必须勤奋工作和学习，同时培养敏锐的洞察力，提前对未来做好规划，将当前的每一步积累置于整个职业发展的蓝图中去考量。同时，保持开放的心态，与优秀的人为伍，并善于把握机遇，勇于冒险，不因一时的得失而耿耿于怀；这样一直坚持下去，我们会变得越来越优秀，获得越来越多的机会，最终脱颖而出。这个过程往往是漫长的，如果无法坚持，产生懈怠心理，那么之前的努力就会付诸东流。即便是再有才华的人，如果缺乏耐力，不能坚持，也会"一鼓作气，再而衰，三而竭"，最终失去前进的动力。

成为一个杰出的人，并不像大家想象的那么遥不可及。关键在于我们是否愿意投入时间去磨炼自己，从每一次失败中学习，在微小的努力中积累。如果我们既能够抬头展望远方，又能脚踏实地地一步步前进，那么所谓的"厉害"，终将向我们招手！

年纪轻轻就创业成功，你为什么这么厉害？

我在这个行业摸爬滚打很多年了，可不是一夜之间成功的。

鲨鱼效应

　　鱼类之所以能在水中自由地浮沉，得益于它们体内的一种特殊囊状器官——鳔。当鳔内充满空气时，鱼儿便能上浮；而当它们释放空气时，便能下沉。鲨鱼则没有这样的器官，为了防止下沉，它们必须不停地游动，即便在休息时也不例外。因此，"鲨鱼效应"这一概念，便用来形容那些在先天条件不足的情况下，通过不懈努力，将劣势转变为优势，最终取得非凡成就的人。

风轻云淡的人最酷

有人认为穿着时尚品牌、频繁出入酒吧代表着酷；有人觉得体验极限运动、到各地旅行打卡是酷；还有人认为，在社交媒体上展示风采，获得大量点赞和关注才是真正的酷……然而，也有年轻人通过一种看似佛系却蕴含深意的生活态度，展现了另一种层次的酷。

不追逐热点的人

我们似乎都难以摆脱"热搜"的影响，每天都有新的热点、新的挑战、新的焦虑等待我们去关注。然而，也有一群年轻人，他们的社交媒体上没有励志的鸡汤文，也没有周末出游的九宫格美图，最多只有几句摘录的诗词，偶尔还夹杂着对生活的感悟。在周末，他们喜欢爬山、阅读、深入研究业务，或者为家人精心准备一顿大餐，享受不被外界打扰的宁静时光。对于那些网红打卡地，他们不盲目追随，只追求内心的那份宁静与满足。

在职场中，面对各种挑战，他们不会像同龄人那样频繁抱怨，或是急于寻找捷径。相反，他们总是以一种超越年龄的淡然去面对一切。项目延期了，他们不会急着推卸责任，而是冷静分析问题，寻找解决问题的方案；加班后，他们也不会在社交媒体上"卖惨"，只是默默地处理好工作，回家继续享受属于自己的"深夜食堂"——一本好书、一杯热茶。

这种"不以物喜，不以己悲"的态度，让周围的人感受到一种别样的酷。

😊 控制好情绪，才能风轻云淡

心理学家指出，有些人的焦虑往往是毫无根据的，因为那些引发焦虑的事情实际上并不会发生。尽管如此，作为情感生物，我们还是很容易受到外界因素的影响，包括周围环境、人际关系、工作压力等，从而产生情绪波动，而焦虑就是其中一种常见的情绪反应。

尽管我们了解焦虑的无谓性，但它是人类情感的一部分，是我们对生活的一种自然反应，我们是无法避开它的。

因此，我们要尽可能地掌控情绪，而不是让情绪控制我们。我们不应因生活中的小挫折而陷入被动，无法自拔。只有管理好自己的情绪，才能拥有风轻云淡的心态，从而掌控自己的人生。

☺ 平常心乃幸福之道

除了网络上的热门话题，日常生活中的"热点"同样容易引起人们的羡慕。邻居购置了宽敞的新居，老友换购了闪亮的新车，亲戚的孩子被选中参加某项国际比赛……这些生活中的诱惑使得许多人为了面子，盲目跟风。然而，人生真正必需的东西又有多少呢？如果我们总是随波逐流，最终可能会使自己陷入困境。

在日常生活中，保持一颗平常心是非常重要的。拥有平常心，我们便能从虚荣、虚伪和虚假中解脱出来，避免将精力浪费在无谓的计较和攀比上，从而享受生活中的美好。

此外，保持平常心还能让我们在人际交往中减少冲突，保持更多的从容与淡定，与他人维持一种平和的关系。

"人这一生，既不像想象的那么美好，也不像想象的那么糟糕。"无论处于何种境遇，保持一种淡然处之的态度才是真的酷：不在于我们拥有多少物质财富，而在于我们如何看待所拥有的；不在于我们站在多高的位置，而在于我们如何面对生活中的起伏。真正的酷，是内心的丰富与平和，是对生活的热爱与尊重，是与自己和解后的从容与自信。

你总是不关注社会热点事件，不怕被社会抛弃吗？

其实我一直关注着社会热点，只是不愿意一窝蜂地去参与罢了。

汉密尔顿焦虑量表

汉密尔顿焦虑量表是精神科临床中广泛使用的评估工具之一，涵盖了焦虑心境、紧张、恐惧、失眠、肌肉系统症状等14个方面，是评估焦虑症的重要工具。该量表长度适宜、操作简便，若我们感觉自己的焦虑状况较为严重，不妨利用这个量表进行自我评估。

第十章

养心的尽头就是养格局

有大格局的人通常能够泰然自若地应对生活中的各种压力与挑战，进而维持身心的和谐与稳定。这种和谐与稳定，是养心的关键。因此，在养心的过程中，我们不仅要关注身体的健康，还应重视心灵的修养和格局的提升。

把生活当成下棋：格局决定结局

生活犹如一盘棋局，我们每个人都是其中的棋手。那些格局小的人，仿佛只专注于眼前的三四步棋，只关注那些微小的得与失，却忽视了整个棋局的动态与趋势。相反，那些拥有大格局的人，能够制订长远的计划、布控全局，他们以宏观的视角审视人生，努力站在更高的位置、看得更深远，从而引领和掌控自己人生的方向。

😊 斤斤计较的人，难成大器

那些过分计较、贪图小利的人，常常会向邻居借用一些琐碎物品，或向亲朋好友借取小额款项，直至所有人都感到厌倦，选择与他们保持距离。在公共场所使用洗手间时，他们毫无顾忌地将免费厕纸带回家使用；为了节省几元钱，他们在寒冷的冬日里四处寻找廉价蔬菜，结果导致身体受寒生病，不得不花费更多的钱医治；与朋友聚餐时，他们从不主动结账，或者在结账时假装接电话或去洗手间……这些看似精明的行为，虽然让他们暂时占到了一些小便宜，但他们的朋友数量却越来越少，他们也注定难以成就一番大事业。

在职业发展方面，情况亦是如此。萱萱离职后，面临两个工作机会：一个来自一家规模较大的公司，工作时间固定，朝九晚五，收入和前景都相对稳定；另一个来自一家创业公司，虽然工作充满挑战，加班在所难免，但收入潜力巨大，且与公司的发展前景紧密相关。萱萱自然明白前者更为安稳、舒适，但她也看到了创业公司提供的成长空间，以及自己能力提升和未来更大发展的可能性。因此，她选择了加入创业公司，并迅速成为核心成员。

😊 越抱怨越不顺利

"态度决定高度，格局影响结局。"格局小的人，可能因为同事抢了自己的风头，或未获得晋升机会，便心生不满，感到自己受到了极大的不公，整天在办公室里抱怨。"为何他能晋升，而我却不行？"结果，抱怨越多，境遇越不顺，还在同事和领导心中留下了负面印象。

而那些格局大的人，仿佛是具有远见的老棋手，不会为短暂的成败所困扰。面对相似的情况，他们会思考："这次未能晋升，说明我还有提升的空间，我需要努力提高自己。"因此，他们会利用业余时间学习新技能，拓展人脉，静待下一次机遇的降临。我们不应轻易放弃，而应认识到每一次尝试都是成长的契机。

😊 感情是一盘微妙的对局

在情感方面，格局同样起着至关重要的作用。有些人一旦坠入爱河，便试图完全控制伴侣，变得异常敏感和多疑。伴侣与朋友外出用餐，都可能触发一场激烈的争执。这正是格局小的体现。相反，拥有宽广格局的人深信，双方之间的感情建立在信任和理解的基础上。他们视感情为双方共同成长的过程，在此过程中，双方可以各自培养兴趣爱好，拥有独立的社交圈，同时在精神上相互扶持，共同维持一种和谐的关系。

总之，如果我们仅将生活视为短暂的博弈，那么我们很容易被眼前的利益和挑战击垮。然而，若将生活视为一场持久的棋局，我们便会更加关注长远的规划和成长。让我们共同努力，提升自己的格局，优雅地在生活这盘宏大的棋局中取胜。

我也想格局大一点，但总是被别人占便宜，心里好不平衡啊！

离这样的人越远越好，没必要太在意他们。

气场

美国著名心灵励志大师皮克·菲尔提出，个人的气场由三个核心要素构成：首先是势，它意味着在适当的时刻展现个人的抱负或目标；其次是格局，其涉及策划和布局的能力及周密的规划；最后是人气，它涵盖了个人的影响力、领导才能和人际网络。

稳得住，世界就是你的

每个人的生活都仿佛一场没有硝烟的战争，在为自己的梦想和未来奋力拼搏时，必须面对来自四面八方、大大小小的挑战。这些挑战有时让我们感到委屈和心酸，有时则让我们身心俱疲。如果无法坚持，结果可能就是"泯然众人矣"，再也不敢去追寻曾经的梦想。

"磨难是必然降临的节日"

大多数人的一生都不会一帆风顺，磨难是不可避免的，坎坷和波折也常常在不经意间出现。无论是古代还是现代，无论是国内还是国外，那些取得巨大成就的人，并不总是受到命运的眷顾。他们中的大多数都是在面对挫折和磨难时坚持下来，熬过难关，最终才迎来了成功。在他们看来，苦难虽然可怕，但并非不可逾越。由于他们凭借坚韧不拔的意志力战胜了苦难，所以才获得了宝贵的财富。

面对困难，有人选择逃避，有人则选择咬紧牙关坚持下去。生活中，许多人已经付出了99%的努力，却因在最后关头无法坚持，选择在成功前的最后1%的路程上放弃。实际上，当我们感到难以承受，想要放弃的时候，或许成功就在转角处。再坚持一下，就能看到成功的曙光。

😊 逆境中方能展示奇才

人生从不提供彩排的机会，每一天都是真实的现场直播。在顺境中，无论采取何种行动，似乎总能如愿以偿。然而，要想真正脱颖而出，仅仅依赖于顺风顺水的局面是远远不够的。只有在逆境中，我们的才华、气度和胸怀等品质才能真正显现。

对于当今的年轻人而言，逆境往往源自职场。每当他们满怀激情，准备大展拳脚时，常常会遭遇各种意外的挑战。例如，辛辛苦苦准备的项目方案，可能会被上司全盘否定，或者在团队合作中被同事夺去应得的功劳。在这种情况下，许多人会情绪失控，进而与上司发生争执，或者与同事关系破裂。

能够忍耐的年轻人，在面对批评时会先深呼吸，冷静地分析上司的反馈，判断自身是否确实存在不足；面对同事抢夺功劳的情况，他们不会立即做出反应，而是在接下来的项目中更加努力，用实力证明自己。这就像在电子游戏中积累经验，等待升级的那一刻。要明白，在职场这个广阔舞台上，"小不忍则乱大谋"，只有具备忍耐力，才能逐步攀上成功的高峰。

😊 禁得住诱惑，提升自己

生活中充满了各种诱惑，因此许多人经不住诱惑，熬夜打游戏、刷短视频、暴饮暴食，结果浪费了大量时间和精力，严重影响了日常生活和工作。在这个信息爆炸的时代，年轻人应懂得如何抵挡这些诱惑，明白什么对自己真正重要。

只有将时间投入有意义的活动，如锻炼身体、阅读书籍、提升自我中，才能在未来获得更大的回报。这些活动虽然看似普通，却能够潜移默化地改变我们的思维方式和行为习惯，让我们变得更加优秀和自信。因此，我们应该学会抵挡诱惑，珍惜每一分每一秒，努力追求自己的梦想和目标。

从总体来看，"稳得住"不仅仅是一种生活的态度，更是一种深邃的智慧。在这个纷繁复杂且充满着挑战的世界，只有耐得住挫折的考验、抵挡住各种诱惑的侵袭，我们才能够一步一个脚印地朝着成功的彼岸迈进，最终让整个世界成为我们展示才华的广阔舞台。忍耐和自制力是通往成功之路的必备品质，能让我们在面对困难和诱惑时保持冷静和理智。通过不断地磨炼自己的意志力，我们能够更好地控制自己的情绪和行为，从而在复杂多变的环境中保持清晰的目标和方向。这种自控力能够使我们在竞争激烈的社会中脱颖而出，最终实现自己的梦想和抱负。

我也很委屈，凭什么要忍让他们？

道理是不错，但还是忍一忍的好。

《寒山拾得忍耐歌》

　　相传由唐代诗僧寒山与拾得共同创作的《寒山拾得忍耐歌》，是一首蕴含哲理、趣味横生的劝诫诗，它激励后人从坚忍中汲取力量和智慧。诗中写道："昔日寒山问拾得曰：世间谤我、欺我、辱我、笑我、轻我、贱我、恶我、骗我，如何处治乎？拾得云：只是忍他、让他、由他、避他、耐他、敬他、不要理他，再待几年你且看他。"

选择 + 努力 = 心想事成

在当今社会，真正的成功者寥若晨星。那些"生在罗马"的幸运儿，他们继承了家族事业，年轻人只能羡慕他们的出身优势；对于那些依靠智慧或技术创业并取得成功的人，年轻人也会感到自愧不如；而对于那些看似无特殊才能，仅凭运气就能实现梦想的人，年轻人会不自主地质疑："他凭什么？"

😊 选择大于努力

"选择大于努力"这一观点或许显得过于绝对，但对于众多患有"选择困难症"的人而言，它却是一条不争的真理。有些人聪明能干，勤奋工作，却常常一事无成。他们并非未曾获得机遇，而是缺乏把握机遇的能力。面对机遇，他们陷入犹豫不决的困境，无法坚定地采取行动；他们似乎无法独立做出决定，总是四处寻求亲友的意见，即便是微不足道的小事，也要反复思量，最终仍旧无法做出选择。

一个缺乏判断力的人，即便再怎么努力，也可能被琐事的选择所困扰，无法顺利开展工作；即便勉强开始，这项工作也难以顺利推进，因为他们会因在决策时犹豫不决而错失良机，成功又怎会降临到他们头上呢？

😊 怎样做正确的选择

对于那些在决策方面感到困难的人来说，生活仿佛是一场雾里看花的旅行，虽然渴望成功，却似乎总是缺少些什么。那么，我们该如何应对呢？

以选择专业为例，是应该选择一个热门但自己并不擅长的专业，还是坚持选择自己热爱但冷门的专业呢？这是一个关乎个人未来发展的重要抉择。以艺术类专业为例，尽管就业机会可能看起来不如其他领域广泛，但如果自己真的拥有天赋和热情，在这个领域也同样能够开辟出一片广阔的天地，创造出令人惊叹的作品，最终赢得社会的认可和尊重。

选择专业就像选择鞋子，是否合适只有自己最清楚。热门专业虽然听起来前景广阔，但如果自己对此缺乏兴趣和热情，那么在学习和工作中可能会感到枯燥乏味，就难以取得较大进步。相反，如果选择了自己热爱的冷门专业，尽管可能会面临一些挑战和困难，但只要我们有足够的毅力和决心，就一定能够在这个领域发光发热。

当下，许多年轻人在面临职业选择时，常常会陷入极度纠结的境地，例如是选择稳定的公务员岗位，还是投身于充满挑战的行业？这时，就需要深入思考自己的优势、兴趣及长远的职业规划了。如果你是一个富有创意、适应力强的人，那么充满挑战的职业更适合你；如果你追求稳定、擅长人际交往，那么考取公务员或许是一个不错的选择。也就是说，做出明智选择的关键在于真正地了解自己。

😀 努力是心想事成的"燃料"

没有努力，再理想的选择也只是空中楼阁。当下，许多年轻人都怀揣梦想，比如成为一位杰出的自媒体从业者。这个梦想固然美好，但实现它需要付出多少艰辛？如必须持续创作具有高质量内容的作品，掌握拍摄技巧、使用剪辑软件，洞察粉丝偏好，熟悉并适应平台规则等，这要求我们具备愈挫愈勇的精神，面对挑战不退缩，持续不懈地奋斗。

在奋斗的道路上，还应不断审视和调整自己的选择。随着个人能力的增长和外部环境的变化，我们可能需要对职业规划、学业方向等做出相应的调整。这就像打游戏，要根据敌人的动向和自身的装备情况，不断优化战略。

总之，我们要运用智慧做出明智的选择，并用汗水浇灌努力的果实。无论是在繁华都市追逐梦想，还是在宁静小镇享受生活，只要我们坚信"选择 + 努力 = 心想事成"的公式，好运就会伴随我们左右。

我有完美主义倾向，做什么事都想追求完美。

先完成，再追求完美才行呀。

优劣对比表

　　当我们选择困难时，不妨制作一份"优劣对比表"。在表的左侧列出每个选项的优势，在右侧列出相应的劣势。通过对比不同选项的优缺点，我们能够更清晰地看到每个选择可能带来的结果，从而使选择变得更明确、更容易。

调养身心，养出大格局

调养身心，不仅要关注身体健康，如跑跑步、打打太极拳……还要注意对心理进行调节，也就是我们前面所说的养心，而养心的最好方式，就是养出大格局。

😃 情绪对健康的危害超乎想象

情绪虽然看不见摸不着，但是它对健康的影响却是实实在在的。早在《黄帝内经》中，就有了"怒伤肝""喜伤心""思伤脾""悲伤肺""恐伤肾"的说法，现代医学和心理学也证实了情绪对身体的影响非常大。坏情绪不仅让人心情糟糕，还可能引发各种疾病。

小张是一名自媒体工作者，凭借丰富的知识储备和幽默风趣的语言风格，制作了许多能引发热烈讨论的视频。正当他的粉丝迅速增长时，他却遭遇了一些"杠精"的攻击，这些人总是故意与他唱反调，质疑他的观点。起初，小张总是被激怒，屏幕前的他被气得脸红脖子粗，坚持要与对方争辩是非对错。但是，他一个人如何能辩得过一群"杠精"呢？后来他也不再争辩了，只是一个人呆呆地看着屏幕里一条接一条的恶评生闷气。一段日子后，小张变得消瘦，精神不振，而且声音也失去了磁性，变得非常沙哑。原来，由于长期处于愤怒中，小张患上了甲状腺疾病。

这时，小张上中学的妹妹放暑假了，问他为何断更了。得知原因后，妹妹像个小大人一样开导了小张一下午。小张本以为妹妹的观点会很幼稚，没想到一番开导之后，却让他豁然开朗。妹妹说的对他影响最大的一句话是："网上辩论绝大多数是无意义的，双方都是在宣泄情绪罢了。人如果没有高度，看到的都是问题；如果没有格局，心中全是鸡毛蒜皮。格局大一点，跟'杠精'有什么好争的呢？"

小张彻底想通了，开始积极治疗，康复后用更大的热情投入视频制作，终于成了"百万大V"。

😊 放大格局，气顺身安

人想要没有负面情绪，是不可能的。毕竟，我们在日常工作和生

活中会面临众多挫折和挑战，它们接踵而至，不给我们留任何喘息的空间：学生时代，时常面临学习压力、考试焦虑、成绩不理想；职业生涯中，可能会遇到职业发展停滞、职场竞争压力；人际关系方面，可能会有家庭矛盾、朋友误解、伴侣冲突……凡此种种，都可能让我们陷入愤怒、伤心乃至绝望的情绪中不能自拔。

很多人健康受损，会在饮食上下功夫，却往往忽略了心理因素。但是对健康起着关键作用的，恰恰是心理。

"大格局养心法"

心胸豁达

总是计较一时一事的得失，会让我们的神经系统、心血管系统、免疫系统时刻处于应激状态，久而久之自然会影响身体健康，导致各类疾病的发生。心胸豁达一点，身体各系统总是处于放松和舒缓的状态，身体自然也会健康。从这一点来说，宽容别人，其实就是在拯救自己。

清心寡欲

人的欲望是无穷无尽的，如果总是不知满足，就会因思虑不绝而生病。不如将格局放大一点，把欲望减少一点，不急不躁、心平气和，这样身体才会更健康。

学会遗忘

生活中总有让人感到遗憾、失落的事发生，如果常常活在过去，压力也会不断堆积。不如让过去的过去，不纠结、不回味、不沉溺，这样烦恼自然会少很多。

调养身心不是什么高深莫测的东西，也不是老年人的专属。从这一刻起，放大格局、开阔心胸，不再为小事斤斤计较，不再因一时的得失而郁郁寡欢，让身心得到滋养，用积极的态度去拥抱美好的明天。

打击一个接一个的，我快扛不住了。

你试试放大格局，将这些打击放在生命的广度上来看，是不是变得渺小了？

野马效应

在非洲草原上，有一种小小的吸血蝙蝠。它们会趴在野马腿上吸血，吸食的血量不会对野马的健康产生任何影响。但是，很多野马却会因它们暴怒、狂奔，直到死去。这启示我们，格局太小，因为一些琐事而大动肝火，真的会损耗我们的生命。